中文版
Photoshop CC
标准教程

雷波　编著

中国电力出版社
CHINA ELECTRIC POWER PRESS

内 容 提 要

本书详细讲解最新版 Photoshop CC 2024 的基础知识与操作技能，并对图层、通道、蒙版等重要概念进行深入分析，以理论知识讲解、实例操作演示为主要内容，以从易到难讲解 Photoshop 技术为主线，依托作者近二十年的教学经验，帮助读者全方位地学好 Photoshop 的各项关键技术。

本书内容结构清晰、难度适中、图文并茂、表达流畅、案例丰富实用，不仅适合希望进入相关设计领域的自学者使用，也适合各开设相关设计课程的院校用作教学资料。

图书在版编目（CIP）数据

中文版 Photoshop CC 标准教程 / 雷波编著. —北京：中国电力出版社，2024.5
ISBN 978–7–5198–3839–3

Ⅰ．①中…　Ⅱ．①雷…　Ⅲ．①图象处理软件—教材　Ⅳ．① TP391.413

中国版本图书馆 CIP 数据核字（2019）第 239881 号

出版发行：中国电力出版社
地　　址：北京市东城区北京站西街19号（邮政编码100005）
网　　址：http://www.cepp.sgcc.com.cn
责任编辑：刘　炽（010–63412395）
责任校对：黄　蓓　王小鹏
装帧设计：王红柳
责任印制：杨晓东

印　　刷：望都天宇星书刊印刷有限公司
版　　次：2024年5月第一版
印　　次：2024年5月北京第一次印刷
开　　本：787毫米×1092毫米　16开本
印　　张：21.25
字　　数：415千字
定　　价：68.00元

前　言

目前，许多大中专院校都开设了名为"图形图像初步"或"图形图像处理基础"之类的基础理论课程。这些课程开设的原因有些是因为所学专业涉及图形图像处理软件——Photoshop，因此必须开设相关课程，有些则是大学生的选修课程，为了满足社会工作中对掌握Photoshop基本技术的要求。

很显然，无论是专业课程的基础理论前导课程，还是纯粹为兴趣而开设的课程，这些课程的重点都是讲解Photoshop的基础知识，从而为以后学习专业的图形图像知识、技能打下基础。本书正是这样一本以讲解Photoshop基础知识为主的理论书籍，具有广泛的适用性。

由于本书定位于图形图像相关专业的标准培训教程，因此在体例、内容筛选、示例等方面都根据培训课程及专业课程设置进行了优化处理，本书的主要特点如下：

（1）本书考虑Photoshop软件在使用时的操作性问题，针对图书内容进行了优化安排，根据培训班及各类图形图像基础课程学生的特点，在软件讲解的顺序方面循序渐进，从而使相关知识点能够逐渐展开，以便于无基础或基础较弱的读者快速入门。

（2）考虑到软件使用时的"二八"原则，本书特意对Photoshop的重点知识，例如，基本的界面操作、图形图像基础理论、图层理论与使用技巧、通道理论与使用技巧、选区的创建与调整、图像的修饰与润色、文字的输入与编辑和滤镜的使用技巧等，进行了较为深入的讲解。

（3）本书所举实例不仅注重技术性，更注重实用性与艺术性，读者通过学习能够举一反三，从而达到事半功倍的学习效果，还可以欣赏到优秀的设计作品。

（4）本书讲解的许多基础知识，例如图像文件的格式、颜色模式、分辨率、位图与矢量图的区别等，不仅对学习Photoshop有比较重要的意义，对学习其他同类型的软件也具有相当重要的理论铺垫作用。

（5）本书突出实践性，在以实例讲解功能、知识要点时，配有大量的案例的详细步骤，内容更易操作和掌握。

为了方便交流与沟通，欢迎读者朋友添加我们的客服微信hjysysp，与我们在线交流，也可以加入摄影交流QQ群（327220740），与众多喜爱摄影的小伙伴交流。

本书不仅适合希望进入相关设计领域的自学者使用，也适合各开设相关设计课程的院校用作教学资料。

本书所有素材文件只能用于自学，不得用于其他任何商业用途，以及在网络中传播。

编著者

扫码下载本书的素材文件

CONTENTS
目　录

第1章　走进Photoshop

本章主要讲解在深入学习Photoshop之前应该掌握的知识，例如Photoshop的应用领域、Photoshop CC 2024的界面及其基础操作等。

学习本章的目的是让读者初步了解Photoshop CC 2024的应用，并认识其工作界面。

学习重点

◎ Photoshop的应用领域。

◎ Photoshop的工作界面及其基本用法。

◎ 工具箱及工具选项栏的基本功能与用法。

◎ 面板的基本功能及用法。

1.1 Photoshop的应用

不管是公司还是个人用户，只要你打开一台电脑，几乎都可以看到Photoshop的身影。Photoshop软件的应用之所以能如此普及，在于其具有强大的功能和与其他软件良好的兼容性，下面我们简单地讲解Photoshop的几大应用领域。

1.1.1 广告设计

在信息大爆炸的今天，广告成为我们在生活中最常见的设计类型之一，而Photoshop作为一款优秀的图像处理软件，在此领域中的应用极为广泛，例如图1.1所示就是一些优秀的广告作品。

图1.1

1.1.2 封面设计

在所有我们看到的各种类型图书中，封面都是其不可或缺的一部分，一个好的封面设计作品，除了可以表现出图书本身的内容、特色外，甚至可以在一定程度上左右消费者的购买意愿。图1.2所示是一些优秀的封面设计作品。

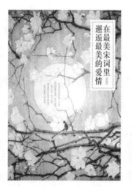

图1.2

1.1.3 包装设计

仅从我们日常的生活用品来看，小到一瓶可乐、一袋食品，大到一台液晶电视、一台冰箱等，都离不开其外包装的设计。对于不同类型的产品来说，其设计风格也存在很大的差别，其中比较有代表性的可以包括酒包装、月饼包装等，图1.3是一些优秀的包装作品。

图1.3

> **提示**：从功能上来说，上一小节中讲解的封面设计也可称为包装设计的一种形式，只不过由于其领域非常庞大，所以经常作为一个单独的领域划分出来。

1.1.4 其他平面设计

从当前平面设计领域来看，前面所列举的3个应用领域，也都可以划分至平面设计领域中，同时也是平面设计中占有极为重要位置的几大应用领域。除此以外，Photoshop在其他平面设计领域也有非常广泛的应用，限于篇幅，笔者不再一一罗列，图1.4所示是一些优秀的平面设计作品。

1.1.5 网页创作

随着我国网络用户的不断攀升，越来越多的人和企业意识到应该选择网络作

图 1.4

为宣传自己的方式之一，在这种竞争激烈的形式下，一个美观、大方的网页设计就成为了留住浏览者的必要手段之一。图 1.5 所示为使用 Photoshop 设计的几个网页作品。

图 1.5

1.1.6　影像创意

　　影像创意是 Photoshop 的特长，通过其强大的图像处理与合成功能，可以将一些风马牛不相干的东西组合在一起，从而得到或妙趣横生、或炫丽精美的图像效果，如图 1.6 所示。

图1.6

1.1.7 视觉表现

简单来说，视觉表现就是结合各种图像元素、不同的色彩以及版面编排，给人以强烈的视觉冲击力，如图1.7所示。

图1.7

视觉表现在国外已经是一个比较成熟悉的行业，它虽然并不会像上述应用领域那样直接创造价值，但却间接地影响了其他大部分领域，原因就在于对这些设计作品来说，无非就是希望能够在视觉上更加突出，给人以美观或震撼等不同的视觉效果，从而吸引浏览者的目光。

1.1.8 概念设计

所谓的概念设计，简单地说就是对某一事物重新进行造型、质感等方面的定义，形成一个针对该事物的新标准，在产品设计的前期通常要进行概念设计，除此之外，在许多电影及游戏中都需要进行角色或道具的概念设计。

图1.8所示分别为摩托车、手表和电脑机箱的概念设计稿。

1.1.9 游戏设计

游戏设计是近年来迅速成长的一个新兴行业，在游戏策划及开发阶段都要大量使

图1.8

用Photoshop技术来设计游戏的人物、场景、道具、装备和操作界面。图1.9所示为使用Photoshop设计的游戏角色造型。

图1.9

1.1.10 插画绘制

插画绘制是近年来才慢慢走向成熟的行业，随着出版及商业设计领域工作的逐步细分，商业插画的需求不断扩大，从而使以前许多将插画绘制作为个人爱好的插画师开始为出版社、杂志社、图片社、商业设计公司绘制插画，图1.10所示为使用Photoshop完成的成品插画。

图1.10

1.1.11 摄影后期处理

随着数码相机不断的普及，人们的摄影技术也有了很大的提高，但拍摄出的照片仍然千差万别、良莠不齐，这其中除了摄影技术方面的原因外，还有非常重要的部分就是照片的后期处理，并且已经成为摄影的一个重要组成，小到摄影爱好者拍摄，大到商业领域，经过后期处理的照片随处可见。如图1.11和图1.12所示分别是两组后期处理前后的照片效果对比。

图1.11

图1.12

1.1.12 UI设计

UI即User Interface（用户界面）的简称。UI设计是指对软件的人机交互、操作逻辑、界面美观的整体设计。从日常工作必不可少的计算机到随身携带的手机，我们在其中运行的各类软件、游戏时，就可以看到形式多样的界面，我们常常会希望看到更加精致小巧的图标，更加符合我们需求的功能按钮的分布，更赏心悦目的布局等，因为这样的界面不仅仅可以满足我们的视觉享受，更加重要的是其简洁合理的设计，可以让我们在使用时更加得心应手，甚至是大幅度的提高工作效率。而为了使用户在与机器接触的过程中更加轻松亲切，如何使产品的使用界面更加人性化与个性化，就成为厂商致力解决的问题，并由此衍生出一门全新的设计学科——UI设计。

图1.13所示为一些优秀的界面设计作品。

图1.13

1.1.13 艺术文字

利用Photoshop可以使原本普通、平常的文字发生各种各样的变化，并利用这些艺术化处理后的文字为图像增加效果，如图1.14所示。

图1.14

1.1.14 效果图后期调整

虽然大部分建筑效果都需要在3ds Max中制作，但其后期修饰则多数是在Photoshop中完成的。如图1.15所示为原室内效果图。如图1.16所示为对原室内效果图进行后期调整后的效果。

图 1.15　　　　　　　　　　　　　　　图 1.16

1.1.15　绘制或处理三维材质贴图

在三维软件中即使能够制作出精良的模型，但是如果不能为模型设置逼真的材质贴图，那么也无从得到好的渲染效果。实际上，在制作材质贴图时除了要依靠三维软件本身所具有的功能外，掌握在Photoshop中制作材质贴图的方法也非常重要。

如图 1.17 所示为一个室内效果图的线框模型效果。如图 1.18 所示为使用在Photoshop中处理过的纹理图像为模型赋予材质贴图后进行渲染的效果（其中，磨砂玻璃及墙面的纹理效果均经过Photoshop处理）。

图 1.17　　　　　　　　　　　　　　　图 1.18

1.2 Photoshop操作基础

1.2.1　"开始"工作区

启动 Photoshop CC 2024后，默认情况下会显示"开始"工作区，其中包含了基本的菜单栏、工具选项栏，以及"新建"命令、"打开"命令、最近打开的文件列表等。默认情况下，当前没有打开任何图像文件时，均会显示该工作区。

由于"开始"工作区需要加载界面元素以及最近的文件列表等资源，因此可能会导致加载速度较慢的问题，如果不喜欢或不习惯，可以按Ctrl+K键，在弹出的"首选项"对话框的左侧列表中选择"常规"，然后在右侧取消选中"没有打开的文档时显示'开始'工作区"选项即可，如图1.19所示。

图1.19

1.2.2 工作界面基本组成

在正式打开一个图像文件后，才会显示出完整的工作界面，如图1.20所示。

图1.20

根据功能的划分，大致可以分为以下部分：

（1）菜单栏。

（2）工具箱。

（3）工具选项栏。

（4）搜索工具、教程和Stock内容。

（5）工作区控制器。

（6）当前操作的文档。

（7）面板。

（8）状态栏。

下面分别介绍Photoshop软件界面中各个部分的功能及使用方法。

1.2.3 菜单

Photoshop包括上百个命令，听起来虽然有些复杂，但只要了解每个菜单命令的特点，通过这些特点就能够很容易地掌握这些菜单中的命令了。

许多菜单命令能够通过快捷键调用，部分菜单命令与面板菜单中的命令重合，因此在操作过程中真正使用菜单命令的情况并不太多，读者无需因为这上百个数量之多的命令产生学习的心理负担。

1.2.4 工具箱

1. 工具箱简介

执行"窗口" | "工具"命令，可以显示或者隐藏工具箱。

Photoshop工具箱中的工具极为丰富，其中许多工具都非常有特点，使用这些工具可以完成绘制图像、编辑图像、修饰图像、制作选区等操作。

2. 增强的工具提示

在Photoshop CC 2024中，为了让用户更容易地了解常用工具的功能，专门提示了增强的动态工具提示，简单来说就是当光标置于某个工具上时，会显示一个简单地显示动画，及相应的功能说明，帮助用户快速了解该工具的作用。例如图1.21所示是将光标置于渐变工具 上时显示的提示。

3. 选择隐藏的工具

在工具箱中可以看到，部分工具的右下角有一个小三角图标，这表示该工具组中尚有隐藏工具未显示。下面以多边形套索工具 为例，讲解如何选择及隐藏工具。

图1.21

（1）将鼠标放置在套索工具 ⌀ 的图标上，该工具图标呈高亮显示。

（2）在此工具上单击鼠标右键。此时Photoshop会显示出该工具组中所有工具的图标。

（3）拖动鼠标指针至多边形套索工具 ⌀ 的图标上，如图1.22所示，即可将其激活为当前使用的工具。

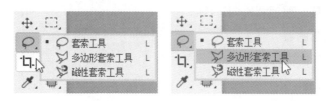

图1.22

上面所讲述的操作适用于选择工具箱中的任何隐藏工具。

4. 自定义工具箱

自1990年以来，Photoshop经过近30年、十余个版本的更新，积累了近70个各具功能和特色的工具，这固然是一件好事，但同时带来的问题就是，对不同领域的用户来说，有一部分工具是极为不常用的。例如对摄影师来说，切片工具 ⌀ 、钢笔工具 ⌀ 、历史记录艺术画笔工具 ⌀ 及相关的矢量绘图工具就很少使用，而对平面设计师而言，也很少会用到红眼工具 ⌀ 、修复画笔工具 ⌀ 等，另外，对PHotoshop使用较为熟练以后，一些常用的工具如移动工具 ⌀ 、裁剪工具 ⌀ 、抓手工具 ⌀ 、缩放工具 ⌀ 等，其选择和使用的过程，往往都是通过快捷键进行操作的，因此显示在工具箱中也是多余，占用了大量的工作区空间不说，甚至还会影响选择其他工具的效率。

从Photoshop CC 2017开始提供了一个自定义工具箱的功能，用户可以根据需要对工具进行显示或隐藏的控制，还可以调整工具的顺序或自定义快捷键等。下面来讲解其操作方法。

（1）右键单击工具箱底部的编辑工具栏按钮 ⋯ ，在弹出的列表中选择"编辑工具栏"命令，或选择"编辑"｜"工具栏"命令，以调出"编辑工具栏"对话框，如图1.23所示。

（2）在左侧的"工具栏"列表中单击某个工具的名称，即可在后面的文本框中键入新的快捷键，如图1.24所示。

（3）在左侧的"工具栏"列表中按住鼠标左键拖动某个工具，即可改变其在工具箱中的排列顺序，如图1.25所示。

（4）在左侧的"工具栏"列表中，拖动某个工具至右侧的"附加工具"列表中，即可在工具箱中隐藏该工具，如图1.26所示。

（5）被隐藏的工具可以再次右击工具箱底部的编辑工具栏按钮 ⋯ （此时显示的可能是最近使用的某个工具图标），此时将显示全部被隐藏的工具，如图1.27所示。

图 1.23

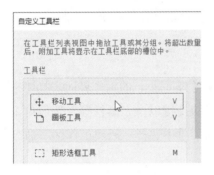

图 1.24

图 1.25

图 1.26

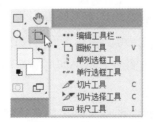

图 1.27

（6）单击底部"显示"后面的各个按钮，以取消其选中状态，即可在工具箱中隐藏对应的图标。

1.2.5 工具选项栏

选择工具后，在大多数情况下还需要设置其工具选项栏中的参数，这样才能够更好地使用工具。在工具选项栏中列出的通常是单选按钮、下拉菜单、参数数值框等。

1.2.6 搜索工具、教程和Stock内容

搜索是从Photoshop CC 2017开始增加一项功能，用户可以按Ctrl+F键或单击工具选项栏右侧的搜索按钮🔍，以显示搜索面板，在文本框中输入要查找的内容，即可在下方显示搜索结果。另外，在Photoshop CC 2024中，若使用了Lightroom CC 2024同步照片至云端，还可以选择"Lr照片"选项，以查找符合查找条件的照片。

1.2.7 工作区控制器

工作区控制器，顾名思义，它可用于控制Photoshop的工作界面。具体来说，用户可以按照自己的喜好布置工作界面、设置好快捷键以及工具栏等，然后单击工具选项栏最右侧的工作区控制器按钮▣，在弹出的菜单中选择"新建工作区"命令，以将其保存起来。

如果在工作一段时间后，工作界面变得很零乱，可以选择调用自己保存的工作区，将工作界面恢复至自定义的状态。

用户也可以根据自己的工作需要，调用软件自带的工具区布局，例如，如果经常从事数码后期修饰类工作，可以直接调用"摄影"工作区，以隐藏平时用不到的工具。

1.2.8 当前操作的文档

当前操作的文档是指将要或正在用Photoshop进行处理的文档。本节将讲解如何显示和管理当前操作的文档。

只打开一个文档时，它总是被默认为当前操作的文档；打开多幅图像时，如果要激活其他文档为当前操作的文档，可以执行下面的操作之一。

（1）在图像文件的标题栏或图像上单击即可切换至该文档，并将其设置为当前操作的文档。

（2）按Ctrl+Tab键可以在各个图像文件之间进行切换，并将其激活为当前操作的文档，但该操作的缺点就是在图像文件较多时，操作起来较为烦琐。

（3）选择"窗口"命令，在菜单的底部将出现当前打开的所有图像的名称，此时选择需要激活的图像文件名称，即可将其设置为当前操作的文档。

1.2.9 面板

Photoshop具有多个面板，每个面板都有其各自不同的功能。例如，与图层相关的操作大部分都被集成在"图层"面板中，而如果要对路径进行操作，则需要显示"路径"面板。

虽然面板的数量不少，但在实际工作中使用最频繁的只有其中的几个，即"图层"面板、"通道"面板、"路径"面板、"历史记录"面板、"画笔设置"面板和"动作"面板等。掌握这些面板的使用，基本上就能够完成工作中大多数复杂的操作。

要显示这些面板，可以在"窗口"菜单中寻找相对应的命令。

> 提示：除了选择相应的命令显示面板，也可以使用各面板的快捷键显示或者隐藏面板。例如，按F7键可以显示"图层"面板。记住用于显示各个面板的快捷键，有助于加快操作的速度。

1. 拆分面板

当要单独拆分出一个面板时，可以选中对应的图标或标签并按住鼠标左键，然后将其拖动至工作区中的空白位置，如图1.28所示。如图1.29所示就是被单独拆分出来的面板。

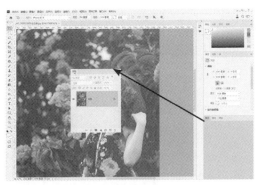

图1.28   图1.29

2. 组合面板

组合面板可以将两个或多个面板合并到一个面板中，当需要调用其中某个面板时，只需单击其标签名称即可，否则，如果每个面板都单独占用一个窗口，用于进行图像操作的空间就会大大减少，甚至会影响到正常的工作。

要组合面板，可以拖动位于外部的面板标签至想要的位置，直至该位置出现蓝色反光时，如图1.30所示，释放鼠标左键后，即可完成面板的拼合操作。通过组合面板的操作，可以将软件的操作界面布置成自己习惯或喜爱的状态，从而提高工作效率。

图 1.30

3. 隐藏 / 显示面板

在 Photoshop 中，按 Tab 键可以隐藏工具箱及所有已显示的面板，再次按 Tab 键可以全部显示。如果仅隐藏所有面板，则可按 Shift+Tab 键；同样，再次按 Shift+Tab 键可以全部显示。

1.2.10 状态栏

状态栏位于窗口最底部。它能够提供当前文件的显示比例、文件大小、内存使用率、操作运行时间、当前工具等提示信息。在显示比例区的文本框中输入数值，可改变图像窗口的显示比例。

1.3 习题

1. 选择题

1.在下列选项中，可以用 Photoshop 来制作的有（　　）。

A. 网页效果　　　　　B. 平面广告　　　　　C. 视觉创意　　　　　D. 绘制矢量图形

2.要隐藏所有的面板应该按（　　）键。

A. Shift　　　　　B. Tab　　　　　C. Alt+Tab　　　　　D. Ctrl+Tab

3.如果只需要工具箱显示而其他面板隐藏应按（　　）键。

A. Shift　　　　　　B. Tab　　　　　　C. Alt+Tab　　　　　　D. Shift+Tab

4.在同一组内的工具按（　　）键进行切换。

A. Shift+Tab　　　　B. Tab+工具热键　　C. Alt+Tab　　　　　D. Shift+工具热键

2. 上机操作题

1.使用快捷键选择矩形选框工具 ▢，并在矩形选框工具 ▢ 与椭圆选框工具 ◯ 之间切换。

2.显示"调整""属性""图层""通道"及"路径"面板，并对其进行任意组合，然后将整个工作界面保存起来。

—— 第2章 学习 Photoshop 的基础知识 ——

Photoshop 是一个图像处理软件，本章将讲解最基础的新建、打开、存储图像等操作，随后会涉及将图片存储为哪些文件格式、怎样去改变目前图像的尺寸大小等基础操作，以及作图时可以使用哪些辅助功能、什么是图像的分辨率、图像分辨率与图像有什么关系、什么是矢量图和位图、图像的颜色模式有哪几种等基本概念。

理解并掌握这些知识，能够帮助操作者快速掌握有关图像文件方面的基础操作，从而为以后深入学习 Photoshop 打下基础。

学习重点

◎ 新建、打开和存储图像文件。

◎ 改变图像画布尺寸。

◎ 分辨率与图像大小之间的关系。

◎ 位图与矢量图的特性。

◎ 常用颜色模式。

◎ 常用纠错操作。

2.1 新建图像文件

要在 Photoshop 中打开文档，可以按照下面的方法操作。

（1）选择"文件"|"新建"命令。

（2）按 Ctrl+N 键。

（3）在"开始"工作区中单击"新建"按钮。

最常用的获得图像文件的方法是建立新文件。执行"文件"|"新建"命令后，弹出如图2.1所示的"新建"对话框。

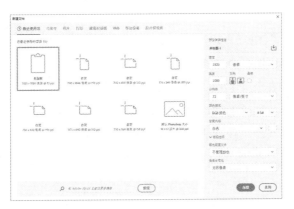

图2.1

从Photoshop CC 2017开始，"新建文档"对话框集成了更多的功能，且更为便捷，以满足不同用户的设计需求。下面分别讲解其各部分的功能。

> 提示：若是不喜欢或不习惯新的"新建文档"对话框，也可以恢复至旧版界面，具体方法为：按Ctrl+K键，在弹出的"首选项"对话框的左侧列表中选择"常规"，然后在右侧选中"使用旧版'新建文档'界面"选项即可。

1. 根据最近使用项新建文档

在"新建文档"对话框中选择"最近使用项"，此时会在下方显示最近新建的文档，及其尺寸、分辨率等信息，选择一个项目并单击"创建"按钮即可创建新文档。

另外，用户也可以在底部的搜索栏中输入关键字并单击"前往"按钮，从而在Adobe Stock网站上查找符合要求的文档模板。

2. 根据已存储的预设新建文档

在"新建文档"对话框中选择"已存储"，此时会在下方显示最近存储过的文档预设，选择一个项目并单击"创建"按钮即可。

3. 根据预设新建文档

在"新建文档"对话框中选择"照片""打印""Web"等，可以在下方分别显示相应的预设尺寸与设置，选择一个项目并单击"创建"按钮即可。

4. 自定义新建文档

除了使用上述方法快速新建文档外，用户也可以在右侧通过自定义参数创建新文档，下面来分别讲解其中常用参数的功能。

（1）宽度、高度、分辨率：在对应的数值框中键入数值即可分别设置新文件的宽度、高度和分辨率；在这些数值框右侧的下拉菜单中可以选择相应的单位。

（2）方向：在此可以设置文档为竖向或横向。在默认情况下，当用户新建文件时，页面方向为直式的，但用户可以通过选取页面摆放的选项来制作横式页面。选择🔲选项，将创建竖向文档；选择🔲选项，可创建横向文档。

（3）颜色模式：在其下拉列表中可以选择新文件的颜色模式；在其右侧选择框的下拉列表中可以选择新文件的位深度，用以确定使用颜色的最大数量。

（4）背景内容：在此下拉列表中可以设置新文件的背景颜色。

（5）画板：选中此选项后，将在新文档中自动生成一个新的画板。

5. 存储预设

设置好参数后，若希望以此后继续使用，可以单击单击存储预设按钮⬇，从而将当前设置的参数存储成为预置选项，并出现在"已存储"之中。关于画板功能的讲解，请参见本书第5章的内容。

2.2 打开图像文件

要在 Photoshop 中打开文档，可以按照下面的方法操作。

（1）选择"文件"|"打开"命令。

（2）按 Ctrl+O 键。

（3）在"开始"工作区中单击"打开"按钮。

使用以上3种方法，都可以在弹出的对话框中选择要打开的图像文件，然后单击"打开"按钮即可。

另外，直接将要打开的图像拖至 Photoshop 工作界面中也可以打开，但需要注意的是，从 Photoshop CS5 开始，必须置于当前图像窗口以外，如菜单区域、面板区域或软件的空白位置等，如果置于当前图像的窗口内，会将其创建为嵌入式智能对象。

2.3 存储图像文件

2.3.1 直接存储

若想存储当前操作的文件，选择"文件"|"储存"命令，弹出"另存为"对话

框，设置好文件名、文件类型及文件位置后，单击"保存"按钮即可。

要注意的是，只有当前操作的文件具有通道、图层、路径、专色、注解，在"格式"下拉列表中选择支持存储这些信息的文件格式时，对话框中的"Alpha通道""图层""注解""专色"选项才会被激活，可以根据需要选择是否需要存储这些信息。

2.3.2 存储为

若要将当前操作文件以不同的格式、或不同名称、或不同存储"路径"再存储一份，可以选择"文件"|"存储为"命令，在弹出的"存储为"对话框中根据需要更改选项并存储。

例如，要将Photoshop中制作的产品宣传册通过电子邮件给客户看小样，因其结构复杂、有多个图层和通道，文件所占空间很大，通过Email很可能传送不过去，此时，就可以将PSD格式的原稿另存为JPEG格式的拷贝，让客户能及时又准确地看到宣传册效果。

2.4 改变图像画布尺寸

在Photoshop中改变画布大小的方法有两种，即使用裁剪工具 和选择"图像"|"画布大小"命令来改变画布的大小。

2.4.1 裁剪工具

使用裁剪工具 ，用户除了可以根据需要裁掉不需要的像素外，还可以使用多种网络线进行辅助裁剪、在裁剪过程中进行拉直处理，以及决定是否删除被裁剪掉的像素等。

要裁剪图像，可以直接在文档中拖动，并调整裁剪控制框，以确定要保留的范围，如图2.2所示，然后按Enter键确认即可，如图2.3所示。

图2.2

图2.3

在过程中，若要取消裁剪操作，则可以按 Esc 键。

裁剪工具 ㄅ.的工具选项如图 2.4 所示。

图 2.4

下面来讲解其中各选项的使用方法。

（1）裁剪比例：在此下拉菜单中，可以选择裁剪工具 ㄅ.在裁剪时的比例，还可以新建和管理裁剪预设。

（2）设置自定长宽比：在此处的数值输入框中，可以输入裁剪后的宽度及高度像素数值，以精确控制图像的裁剪。

（3）高度和宽度互换按钮 ⇄：单击此按钮，可以互换当前所设置的高度与宽度的数值。

（4）拉直按钮 ⊞：单击此按钮后，可以在裁剪框内进行拉直校正处理，特别适合裁剪并校正倾斜的画面。在使用时，可以将光标置于裁剪框内，然后沿着要校正的图像拉出一条直线，如图 2.5 所示，释放鼠标后，即可自动进行图像旋转，以校正画面中的倾斜，图 2.6 所示是按 Enter 键确认裁剪后的效果。

图 2.5   图 2.6

（5）设置叠加选项按钮 ⊞：单击此按钮，在弹出的菜单中，可以选择裁剪图像时的辅助网格及其显示设置。

（6）裁剪选项按钮 ✿：单击此按钮，在弹出的菜单中可以设置裁剪的相关参数。

（7）删除裁剪的像素：选择此选项时，在确认裁剪后，会将裁剪框以外的像素删除；反之，若是未选中此选项，则可以保留所有被裁剪掉的像素。当再次选择裁剪工具 ㄅ.时，只需要单击裁剪控制框上任意一个控制句柄，或执行任意的编辑裁剪框操作，即可显示被裁剪掉的像素，以便于重新编辑。

（8）内容识别：这是从Photoshop CC 2017开始新增的一个选项。当裁剪的范围超出当前文档时，就会在超出的范围填充单色或保持透明，如2.7所示，此时若选中"内容识别"选项，即可自动对超出范围的区域进行分析并填充内容，如2.8所示，四角的白色被自动填补。

图2.7　　　　　　　　　　图2.8

2.4.2　透视裁剪工具

从Photoshop CS6开始，过往版本中裁剪工具 📐 上的"透视"选项被独立出来，形成一个新的透视裁剪工具 📐，并提供了更为便捷的操控方式及相关选项设置，其工具选项栏如图2.9所示。

图2.9

下面通过一个简单的实例，来讲解一下此工具的使用方法。

（1）打开随书所附的素材"第2章\2.4.2–素材.jpg"，如图2.10所示。在本例中，将针对其中变形的图像进行校正处理。

（2）选择透视裁剪工具 📐，将光标置于建筑的左下角位置，如图2.11所示。

（3）单击鼠标左键添加一个透视控制柄，然后向上移动鼠标至下一个点，并配合两点之间的辅助线，使之与左侧的建筑透视相符，如图2.12所示。

（4）按照上一步的方法，在水平方向上添加第3个变形控制柄，如图2.13所示。由于此处没有辅助线可供参考，因此只能目测其倾斜的位置添加变形控制柄，在后面的操作中再对其进行更正。

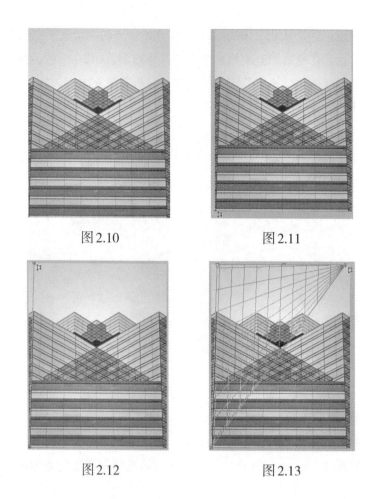

图2.10   图2.11

图2.12   图2.13

（5）将光标置于图像右下角的位置，以完成一个透视裁剪框，如图2.14所示。

（6）对右侧的透视裁剪框进行编辑，使之更符合右侧的透视校正需要，如图2.15所示。

（7）确认裁剪完毕后，按Enter键确认变换，得到如图2.16所示的最终效果。

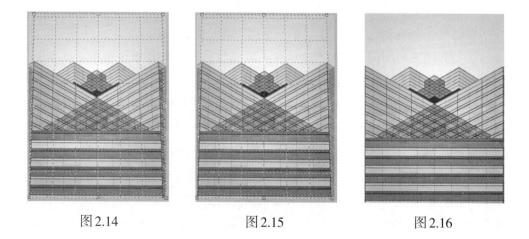

图2.14   图2.15   图2.16

2.4.3 精确改变画布尺寸

如果需要在不改变图像效果的情况下改变画布的尺寸，可以选择"图像"|"画布大小"命令，弹出如图2.17所示的对话框。

直接在"宽度"和"高度"文本框中输入数值，即可改变图像画布的尺寸。

如果在此输入的数值大于原图像文件，则在图像边缘将出现空白区域，多出来的区域所填充的颜色取决于对话框"画布扩展颜色"选项右侧的色块颜色。

如果输入的数值小于原图像文件，Photoshop将弹出提示对话框，提示用户将进行裁剪，单击"继续"按钮，即剪切图像文件得到新画布的尺寸。

（1）相对：选中此选项，则"宽度""高度"文本框中的数值归"0"，在此输入的数值将是新尺寸与原尺寸的差值。输入正数可以扩大画布，输入负数则可以缩小画布的尺寸。

（2）定位：单击该选项下的控制块，可以确定新画布与原图像文件的相对位置关系。

例如单击中下方定位块，可以向图像的上方和左右两侧扩展画面，如图2.18所示。单击中上方定位块，可以向图像的下方及两侧扩展画面，如图2.19所示。

图2.17　　　　　　　　图2.18　　　　　　　图2.19

2.5 分辨率与图像大小

要制作高质量的图像，一定要理解图像尺寸及分辨率的概念。图像分辨率是图像中每英寸像素点的数目，通常用像素（px）/英寸（dpi）来表示。

2.5.1 图像分辨率

图像分辨率常以"宽×高"的形式来表示，例如一幅2×3的图像的分辨率是300 dpi，则在此图像中宽度方向上有600px，而在高度方向上则有900px，图像的像素总量是600px×900px。

高分辨率的图像比相同打印尺寸的低分辨率图像包含的像素多，因而图像在打印输出时会更清晰、更细腻。

如图2.20所示为相同大小的情况下，不同分辨率图像的显示效果，可以看出分辨率低的图像看上去更模糊。

（a）分辨率为100px　　　　　　　　　（b）分辨率为30px

图2.20

2.5.2 显示分辨率

显示器上单位长度所显示的像素或点的数目，通常是用每英寸的点数（dpi）来表示，显示器分辨率取决于该显示器的大小及其像素设置。

典型的PC显示器的分辨率大约是96 dpi，Mac OS显示器的分辨率是72 dpi。

了解显示器分辨率有助于解释为什么屏幕图形的显示尺寸通常与其打印尺寸不一样。例如，一张6.67cm×10.00cm、分辨率为120 dpi的图像和一张3.33cm×5cm、分辨率为240dpi的图像其像素大小都是435.6K，在屏幕上100%显示状态下大小都一样，如图2.21所示。

这个示例表明，当图像在像素量相同的情况下，分辨率高但尺寸小与分辨率低但尺寸大的图像具有相同的显示外观。

但是选择"视图"|"打印尺寸"命令，分别将两个图像调整至打印尺寸时的效果，会发现第一张图像的显示的大小变为60%，第二张图像的显示大小变为30%，如图2.22所示。这表明在显示图像的打印尺寸时，显示大小与分辨率无关，只与其打印尺寸有关。

图2.21   图2.22

2.5.3 打印分辨率

打印机分辨率是指由绘图仪或激光打印机产生的每英寸（dpi）的墨点数。为达到最佳效果，图像分辨率要与打印机分辨率相称，而不是相等。大多数的激光打印机具有300～600dpi的输出分辨率，72～150 dpi的图像就能够产生很好的效果。

高级绘图仪可打印1200 dpi或者更高，而200～300 dpi的图像就能够产生很好的效果。

2.5.4 图像分辨率与图像大小

如果需要改变图像尺寸，可以使用"图像"|"图像大小"命令，弹出的对话框如图2.23所示。

图2.23

使用此命令时，首先要考虑的因素是是否需使图像的像素发生变化，这一点将从根本上影响图像被修改后的状态。

如果图像的像素总量不变，提高分辨率将降低其打印尺寸，提高打印尺寸则将降低其分辨率。但图像像素总量发生变化时，可以在提高其打印尺寸的同时保持图像的分辨率不变，反之亦然。

在此分别以在像素总量不变的情况下改变图像尺寸，及在像素总量变化的情况下改变图像尺寸为例，讲解如何使用此命令。

1. 保持像素总量不变

在像素总量不变的情况下改变图像尺寸的操作方法如下。

（1）在"图像大小"对话框中取消选中"重新取样"复选框。在左侧提供了图像的预览功能，用户在改变尺寸或进行缩放后，可以在此看到调整后的效果。

（2）在对话框的"宽度""高度"文本框右侧选择合适的单位。

（3）分别在对话框的"宽度""高度"两个文本框中输入小于原值的数值，即可降低图像的尺寸，此时输入的数值无论大小，对话框中"像素大小"中的数值都不会有变化。

（4）如果在改变其尺寸时，需要保持图像的长宽比，则选中"约束比例"复选框，否则取消其选中状态。

2. 像素总量发生变化

在像素总量变化的情况下改变图像尺寸的操作方法如下。

（1）确认"图像大小"对话框中的"重新取样"复选框处于选中状态，然后继续下一步的 操作。

（2）在"宽度""高度"文本框右侧选择合适的单位，然后在两个文本框中输入不同的数值即可。

如果在像素总量发生变化的情况下，将图像的尺寸变小，然后以同样方法将图像的尺寸放大，则不会得到原图像的细节，因为Photoshop无法恢复已损失的图像细节，这是最容易被初学者忽视的问题之一。

提示：虽然我们前面提到在相同的打印尺寸下，高分辨率的图像比低分辨率的图像看上去更清晰，但当我们通过使用"图像"|"图像大小"命令人为地将一幅低分辨率的图像提高时，其质量不会有质的变化。

2.6 位图图像与矢量图形

2.6.1 位图图像

位图图像是由像素点组合而成的图像，通常 Photoshop 和其他一些图像处理软件，例如 PhotoImpact、Paint 等软件生成的都是位图，如图 2.24 所示为一幅位图被放大后显示出的像素点。

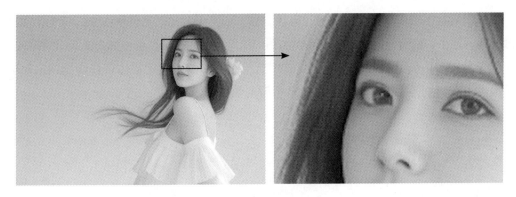

图2.24

由于位图图像由像素点组成，因此在像素点足够多的情况下，此类图像能表达色彩丰富、过渡自然的图像效果。但由于在存储位图时，计算机需要记录每个像素点的位置和颜色，所以图像像素点越多（分辨率越高），图像就越清晰，文件也就越大，所占硬盘空间也越大，在处理图像时机器运算速度也就越慢。

位图的重要参数是分辨率，无论是在屏幕上观察还是打印，其效果都与分辨率有非常大的关系。

2.6.2　矢量图形

矢量图形是由一系列数学公式表达的线条所构成的图形，在此类图形中构成图像的线条颜色、位置、曲率、粗细等属性都由许多复杂的数学公式表达。

用矢量表达的图形，线条非常光滑、流畅，当我们对矢量图形进行放大时，线条依然可以保持良好的光滑性及比例相似性，从而在整体上保持图形不变形，如图2.25所示为矢量图形及其放大后的效果。

图2.25

由于矢量图形以数学公式的表达方法存储，通常矢量图形文件所占空间较小，而且做放大、缩小、旋转等操作时，不会影响图形的质量，此种特性也被称为无级平滑缩放。

矢量图形由矢量软件生成，此类软件所绘制图形的最大优势体现在印刷输出时的平滑度上，特别是文字输出时具有非常平滑的效果。

2.7 掌握颜色模式

Photoshop 提供了数种颜色模式，每一种模式的特点均不相同，应用领域也各有差异，因此了解这些颜色模式对于正确理解图像文件有很重要的意义。

2.7.1 灰度模式

"灰度"模式的图像是由 256 种不同程度明暗的黑白颜色组成，因为每个像素可以用 8 位或 16 位来表示，因此色调表现力比较丰富。将彩色图像转换为"灰度"模式时，所有的颜色信息都将被删除。

虽然 Photoshop 允许将灰度模式的图像再转换为彩色模式，但是原来已丢失的颜色信息不能再返回，因此，在将彩色图像转换为"灰度"模式之前，应该利用"存储为"命令存储一个备份图像。

2.7.2 Lab 模式

Lab 颜色模式是 Photoshop 在不同颜色模式之间转换时使用的内部安全格式。它的色域能包含 RGB 颜色模式和 CMYK 颜色模式的色域，如图 2.26 所示。因此，将 Photoshop 中的 RGB 颜色模式转换为 CMYK 颜色模式时，先要将其转换为 Lab 颜色模式，再从 Lab 颜色模式转换为 CMYK 颜色模式。

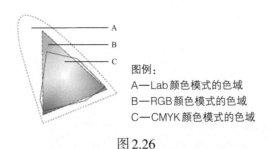

图例：
A—Lab 颜色模式的色域
B—RGB 颜色模式的色域
C—CMYK 颜色模式的色域

图 2.26

> 提示：从色域空间较大的图像模式转换到色域空间较小的图像模式，操作图像则会产生颜色丢失现象。

2.7.3 RGB模式

RGB颜色模式是Photoshop默认的颜色模式，此颜色模式的图像由红（R）、绿（G）和蓝（B）3种颜色的不同颜色值组合而成，其原理如图2.27所示。

RGB颜色模式给彩色图像中每个像素的R、G、B颜色值分配一个0～255范围的强度值，一共可以生成超过1670万种颜色，因此RGB颜色模式下的图像非常鲜艳、丰富。由于R、G、B三种颜色合成后产生白色，所以RGB颜色模式也被称为"加色"模式。

RGB颜色模式所能够表现的颜色范围非常广，因此将此颜色模式的图像转换为其他包含颜色种类较少的颜色模式时，则有可能丢色或偏色。

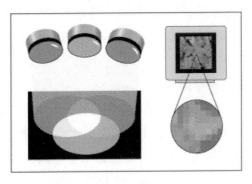

图2.27

2.7.4 CMYK模式

CMYK颜色模式是标准的工业印刷用颜色模式，如果要将RGB等其他颜色模式的图像输出并进行彩色印刷，必须要将其颜色模式转换为CMYK。

CMYK颜色模式的图像由4种颜色组成，即青（C）、洋红（M）、黄（Y）和黑（K），每一种颜色对应于一个通道及用来生成4色分离的原色。根据这4个通道，输出中心制作出青色、洋红色、黄色和黑色4张胶版。在印刷图像时将每张胶版中的彩色油墨组合起来以产生各种颜色，CMYK颜色模式的色彩构成原理如图2.28所示。

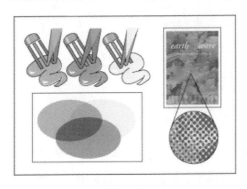

图2.28

2.8 纠正操作

2.8.1 使用命令纠错

在执行某一错误操作后，如果要返回这一错误操作步骤之前的状态，可以选择"编辑" | "还原"命令。如果在后退之后，又需要重新执行这一命令，则可以选择"编辑" | "重做"命令。

用户不仅能够回退或重做一个操作，如果连续选择"后退一步"命令，还可以连续向前回退，如果在连续执行"编辑" | "后退一步"命令后，再连续选择"编辑" | "前进一步"命令，则可以连续重新执行已经回退的操作。

2.8.2 使用"历史记录"面板纠错

"历史记录"面板具有依据历史记录进行纠错的强大功能。如果使用上一节所讲解的简单命令无法得到需要的纠错效果，则需要使用此面板进行操作。

此面板几乎记录了进行的每一步操作。通过观察此面板，可以清楚地了解到以前所进行的操作步骤，并决定具体回退到哪一个位置，如图 2.29 所示。

在进行一系列操作后，如果需要后退至某一个历史状态，可直接在历史记录列表区中单击该历史记录的名称，即可使图像的操作状态返回至此，此时在所选历史记录后面的操作都将灰度显示。例如，要回退至"新建锚点"的状态，可以直接在此面板中单击"新建锚点"历史记录，如图 2.30 所示。

单击历史记录名称，即可回退至该状态

图 2.29　　　　　　　　图 2.30

默认状态下，"历史记录"面板只记录最近 20 步的操作，要改变记录步骤，可选择"编辑" | "首选项" | "性能"命令或按 Ctrl+K 键，在弹出的"首选项"对话框中改变"历史记录状态"数值。

2.9 习题

1. 选择题

1.在图2.31中，仅从图像内容角度来说，（　　　）是位图模式，（　　　）是矢量图模式。

　　　　A　　　　　　　　　　B　　　　　　　　　C

图2.31

2.当选择"文件"｜"新建"命令，在弹出的"新建"对话框中可设定下列哪些选项？（　　　）

A.文档的高度和宽度　　　　　　　　B.文档的分辨率

C.文档的色彩模式　　　　　　　　　D.文档的标尺单位

3.下列关闭图像文件的方法，正确的是：（　　　）

A.选择"文件"｜"关闭"命令　　　　B.单击文档窗口右上方的关闭按钮 ✖ 。

C.按Ctrl+W组合键。　　　　　　　　D.双击图像的标题栏

4.若要校正照片中的透视问题，可以使用：（　　　）

A.裁剪工具 ⌐ 　　　　　　　　　　C.透视裁剪工具 ⌐

B.拉直工具 ▭ 　　　　　　　　　　D.缩放工具 🔍

5.下列关于Photoshop打开文件的操作，哪些是正确的？（　　　）

A.选择"文件"｜"打开"命令，在弹出的对话框中选择要打开的文件

B.选择"文件"｜"最近打开文件"命令，在子菜单中选择相应的文件名

C.如果图像是Photoshop软件创建的，直接双击图像文档

D.将图像图标拖放到Photoshop软件图标上

6.要连续撤销多步操作，可以按（　　　）键。

A. Ctrl+Alt+Z　　　　B. Ctrl+Shift+Z　　　　C. Ctrl+Z　　　　　　D. Shift+Z

7.在 Photoshop 中，下列哪些不是表示分辨率的单位：(   )

A.像素／英寸   B.像素／派卡   C.像素／厘米   D.像素／毫米

8.下列关于"库"面板的说法中，正确的是：(   )

A.按 Ctrl+L 键可以显示"库"面板

B."库"面板中可以包含图形资源

C."库"面板中可以包含字体资源

D.若文档中使用了"库"面板中的资源，则该资源无法删除

2. 上机操作题

1.以 210mm×297mm 尺寸为例，创建一个带有 3mm 出血的广告文件，并将其保存在"我的文档"中。

2.打开随书所附的素材"第 2 章\上机题 2– 素材 .jpg"，如图 2.32 所示，使用"裁剪工具" 改变照片的构图，得到如图 2.33 所示的效果。

图 2.32

图 2.33

3.打开随书所附的素材"第2章\上机题3–素材.jpg",如图2.34所示,使用"裁剪工具" ⊠.校正照片中的倾斜问题,得到如图2.35所示的效果。

图2.34 图2.35

4.打开随书所附的素材"第2章\上机题4–素材.jpg",如图2.36所示,使用"透视裁剪工具" ⊞.校正照片中的透视变形问题,得到如图2.37所示的效果。

图2.36 图2.37

———— 第3章 掌握选区的应用 ————

本章主要讲解如何在 Photoshop 中使用不同的工具制作不同类别的选择区域，以及如何对已经存在的选区进行编辑与调整操作，如何变换选区或选区中的图像。

虽然本章所讲述的知识较为简单，但就功能而言，本章所讲述的知识非常重要，因为在 Photoshop 中正确的选区是操作成功的开始。

学习重点

◎ 制作规则型选区。

◎ 制作不规则型选区。

◎ 编辑与调整选区。

简单地说，选区就是一个限定操作范围的区域，图像中有了选区的存在，所有的一切操作就被限定在选区中。

本章的学习重点是了解选区在 Photoshop 中的作用，掌握选区的绘制方法，熟悉编辑选区及变换选区的相关命令。

Photoshop 中有丰富的创建选区的工具，如矩形选框工具 □、椭圆选框工具 ○、套索工具 ○、魔棒工具 ✎ 等，我们可以根据需要使用这些工具创建不同的选区。

选择区域表现为封闭的浮动蚂蚁线围成的区域，如图 3.1 所示。

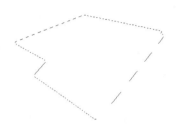

图3.1

3.1 制作规则型选区

在Photoshop中用于制作规则型选区的工具包括矩形选框工具囗、椭圆选框工具○、单行选框工具═、单列选框工具╎，下面分别讲述这些工具的使用方法。

3.1.1 矩形选框工具

矩形选框工具用于创建矩形选择区域，在工具箱中选择矩形选框工具囗，在图像中按下鼠标左键并拖动，释放鼠标左键后即可创建一个矩形选区。

在工作中此工具常用于选择或绘制矩形图像，例如，如图3.2所示为使用此工具绘制的矩形选区。如图3.3中所示为对此矩形选区进行描边操作后得到的效果。

图3.2   图3.3

为了得到精确的矩形选区，或控制创建选区的方式，通常需要在矩形选框工具 [::]的工具选项栏中设置参数，如图3.4所示。

创建选区方式控制按钮

图3.4

> **提示：**图3.4所示的矩形选框工具 [::] 选项条中的控制按钮及"羽化""消除锯齿"等参数选项与其他创建选择区域的工具是相同的，因此在之后的章节中如果出现同样的参数选项将不再赘述。

1. 四种创建选区的方式

在工具选项栏中有4种不同的创建选区的方式，它们分别是新选区按钮 [□]、添加到选区按钮 [□]、从选区减去按钮 [□] 和与选区交叉按钮 [□]，选择不同的按钮所获得的选择区域也不相同，因此在掌握如何创建选区前有必要掌握上述4个按钮。

（1）单击新选区按钮 [□] 并在图像中拖动，每次绘制只能创建一个新选区。在已存在选区的情况下，创建新选区时上一个选区将自动被取消。

（2）如果已存在选区，单击添加到选区按钮 [□]，在图像中拖动矩形选框工具 [::]（或者其他选框工具）创建新选区时，可以按叠加累积的形式创建多个选区。

（3）如果已存在选区，单击从选区减去按钮 [□]，在图像中拖动矩形选框工具 [::]（或者其他选择工具）创建新选区时，将从已存在的选区中减去当前绘制的选区，当然如果两个选区无重合区域则无任何变化。

（4）如果已存在选区，单击与选区交叉按钮 [□]，在图像中拖动矩形选框工具 [::]（或者其他选择工具）创建新选区时，将得到当前绘制的选区与已存在的选区相交部分的选区。

如图3.5所示是分别单击4个按钮后，绘制出的选区的示例图。

> **提示：**在创建复杂选区时也可以直接用快捷键来增加、减少选区或得到交集的选区。在新选区按钮 [□] 状态，按住Shift键可以切换至添加到选区按钮 [□]，此时绘制选区取得增加选区的操作效果；按住Alt键可以切换至从选区减去按钮 [□]，此时绘制选区取得减少选区的操作效果；按住Shift+Alt键可以切换至与选区交叉按钮 [□]，此时绘制选区取得两个选区的交集部分。此提示对于以下将要讲述的各选择工具同样适用。

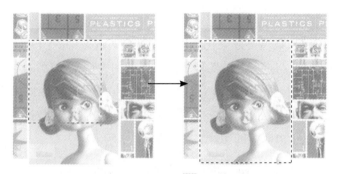

（a）单击"新选区"按钮 ▢ 得到一个新选区

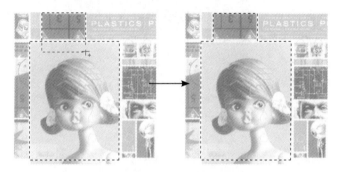

（b）单击"添加到选区"按钮 ▣ 得到叠加的选区

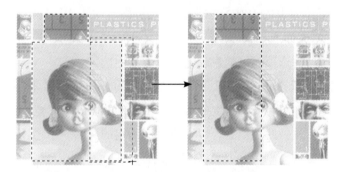

（c）单击"从选区减去"按钮 ▣，从选区减去正在绘制的选区

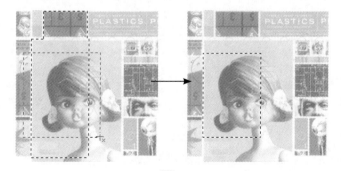

（d）单击"与选区交叉"按钮 ▣ 得到与现有选区相交部分的选区

图3.5

2. 羽化

在此数值框中键入数值可以柔化选区。这样在对选区中的图像进行操作时，可以使操作后的图像更好地与选区外的图像相融合。如图3.6所示的椭圆形选区，在未经过羽化的情况下，对其中的图像进行调整后其调整区域与非调整区域显示出非常明显的边缘，效果如图3.7所示。如果将选区羽化一定的数值，其他参数设置相同，再进行调整后的图像将不会显示出明显的边缘，效果如图3.8所示。

图3.6　　　　　　　　　图3.7　　　　　　　　　图3.8

在选区存在的情况下调整人像照片，尤其需要为选区设置一定的羽化数值。

3. 创建选区的样式

在"样式"下拉列表框中有3种创建选区的样式："正常""固定比例"和"固定大小"，各选项的意义如下。

（1）正常：选择此选项，可随意创建任意大小的选区。

（2）固定比例：选择此选项，其后的"宽度"和"高度"文本框将被激活，在其中输入数值设置选择区域高度与宽度的比例，可得到精确的不同宽高比的选区。

（3）固定大小：选择此选项，可以得到大小固定的选区。

如图3.9所示为选择3种不同的绘制样式时的典型示例图。

（a）正常样式　　　　　（b）固定长宽　　　　　（c）固定大小

图3.9

提示：如果需要创建正方形选择区域，按住Shift键使用矩形选框工具 在图像中拖动即可。如果希望从某一点出发创建以此点为中心的矩形选择区域，可以在拖动矩形选框工具 时按住Alt键。读者可尝试同时按住Alt+Shift键时绘制选区的效果。

3.1.2 椭圆选框工具

使用椭圆选框工具 可建立一个椭圆形选择区域，按住鼠标左键不放并拖动鼠标即可创建椭圆形选择区域。此工具常用于选择外形为圆形或椭圆形的图像，例如选择如图3.10所示的人物。

图3.10

椭圆选框工具 的工具选项栏如图3.11所示，其中的选项与矩形选框工具 基本相同，在此仅对其中不相同的选项进行介绍。

图3.11

消除锯齿：选择该选项可防止产生锯齿，如图3.12所示为未选择此选项绘制选择区域并填充红色后的效果，如图3.13所示为选择此选项后绘制选择区域并填充红色后的效果。

对比两幅图，可以看出在此选项被选中的情况下图像的边缘看上去更细腻，反之则会出现很明显的锯齿现象。

提示：如果需要创建圆形选择区域，按住Shift键使用椭圆选框工具 在图像中拖动即可。如果希望从某一点出发创建以此点为中心的椭圆形选择区域，可以在拖动此工具时按住Alt键。读者可以尝试同时按住Alt+Shift键时绘制选区的效果。

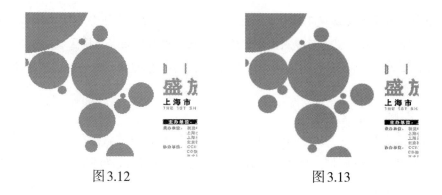

图 3.12   图 3.13

3.2 制作不规则型选区

在绘图过程中常会用到一些不规则的选区，Photoshop 提供了多种创建不规则选区的工具。使用套索工具 能够自由绘制出不规则选区，使用魔棒工具 和"色彩范围"命令能根据所选择的颜色创建不规则选区。

3.2.1 使用套索工具

使用套索工具 可以灵活地绘制不规则选区。在工具箱中套索工具 上按下鼠标右键，将弹出一组创建不规则选区的工具，它们分别是套索工具 、多边形套索工具 、磁性套索工具 。下面分别介绍其使用方法。

1. 套索工具

使用此工具可以通过移动鼠标自由创建选区，选区效果完全由用户控制。此工具选项栏中选项与椭圆选框工具 相似，故不再赘述。

如图 3.14 所示为使用套索工具 选择的区域，并使用"色相/饱和度"命令改变选区中图像颜色的示例。

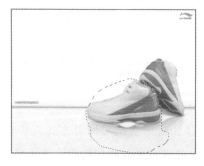

图 3.14

2. 多边形套索工具

多边形套索工具 用于制作具有直边的选区，如图3.15所示。如果需要选择图中的扇子，可以使用多边形套索工具 ，在各个边角的位置单击，要闭合选区，将鼠标指针放置在起始点上，鼠标指针一侧会出现闭合的圆圈，此时单击鼠标左键即可。如果鼠标指针在非起始点的其他位置，双击鼠标左键也可以闭合选区。

图3.15

提示：通常在使用此工具制作选区时，当终点与起始点重合即可得到封闭的选区。但如果需要在制作过程中封闭选区，则可以在任意位置双击鼠标左键，以形成封闭的选区。在使用套索工具 与多边形套索工具 进行操作时，按住Alt键，看看操作模式会发生怎样的变化。

3. 磁性套索工具

磁性套索工具 是一个智能化的选取工具，其优点是能够非常迅速、方便地选择边缘较光滑且对比度较好的图像。磁性套索工具 选项栏如图3.16所示，合理地设置工具选项栏中的参数可以使选择更加精确。

图3.16

工具选项栏中的参数与选项说明如下。

（1）宽度：在该数值框中键入数值，可以设置磁性套索工具 搜索图像边缘的范围。此工具以当前鼠标指针所处的点为中心，以在此键入的数值为宽度范围，在此范围内寻找对比度强烈的图像边缘以生成定位锚点。

提示：如果需要选择的图像其边缘不十分清晰，应该将此数值设置得小一些，这样得到的选区较精确，但拖动鼠标指针时需要沿被选图像的边缘进行，否则极易出现失误。当需要选择的图像具有较好的边缘对比度时，此数值的大小不十分重要。

（2）对比度：该数值框中的百分比数值控制磁性套索工具 选择图像时确定定位点所依据的图像边缘反差度。数值越大，图像边缘的反差也越大，得到的选区则越精确。

（3）频率：该数值框中的数值对磁性套索工具 在定义选区边界时插入定位点的数量起着决定性的作用。键入的数值越大，则插入的定位点越多；反之，越少。

如图3.17所示为分别设置"频率"数值为10和80时，Photoshop插入的定位点。

（a）设置"频率"数值为10　　（b）设置"频率"数值为80

图3.17

提示：在Photoshop自动创建选择边界线时，按Delete键可以删除上一个节点和线段。如果选择边框线没有贴近被选图像的边缘，可以单击一次，手动添加一个节点。

3.2.2 使用魔棒工具

魔棒是一种依据颜色进行选择的选择工具，使用魔棒工具 单击图像中的某一种颜色，即可将与此种颜色邻近的或不相邻的、在容差值范围内的颜色都一次性选中。此工具常用于选择颜色较纯或过渡较小的图像，例如选择如图3.18所示的绿色草地。

魔棒工具 的工具选项栏如图3.19所示，工具选项栏中的参数与选项说明如下。

图3.18

图 3.19

（1）连续：选择此复选框，只选取连续的容差值范围内的颜色。否则，Photoshop 会将整幅图像或整个图层中的容差值范围内的此颜色都选中。例如，要选择图像中的黄色草地，只需在工具选项栏中取消"连续"复选框，用魔棒工具 单击图像中的黄色草地即可，如图 3.20 所示。

图 3.20

（2）容差：在此数值框中输入数值，以确定魔棒的容差值范围。数值越大，所选取的相邻的颜色越多。如图 3.21 所示为此数值为 20 时得到的选区，如图 3.22 所示为此数值设置为 60 时得到的选区。

图 3.21　　　　　　　　　　图 3.22

（3）对所有图层取样：选择此复选框，将在所有可见图层中应用魔棒，否则，魔棒工具 只选取当前图层中的颜色。

3.2.3　快速依据颜色制作选区

使用快速选择工具 可以通过调整圆形画笔笔尖来快速制作选区，拖动鼠标时，选区会向外扩展并自动查找和跟踪图像中定义的边缘，非常适合主体突出但背景混乱的情况。

图 3.23 所示是使用快速选择工具 在图像中拖动时的状态，图 3.24 所示是将人物以外全部选中后的效果。

图 3.23   图 3.24

3.2.4 使用色彩范围命令

相对于魔棒工具 而言，"选择"|"色彩范围"命令虽然与其操作原理相同，但功能更为强大，可操作性也更强。使用此命令可以从图像中一次得到一种颜色或几种颜色的选区。

"色彩范围"命令的使用方法较为简单，选择"选择"|"色彩范围"命令调出其对话框，如图 3.25 所示，在要抠选的颜色上单击一下（此时光标变为吸管状态），再设置适当的参数即可。

图 3.25

值得的一提的是，为了尽可能准确的选择目标区域，用户可以在抠选前，先将目标范围大致选择出来，如图 3.26 所示。

然后再使用"色彩范围"命令进行进一步的选择，如图3.27所示。

 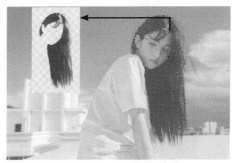

图3.26　　　　　　　　　　　　　　　　图3.27

"色彩范围"对话框中的重要参数解释如下：

（1）颜色容差：拖动此滑块可以改变选取颜色的范围，数值越大，则选取颜色的范围也越大。

（2）本地化颜色簇：选中此选项后，其下方的"范围"滑块将被激活，通过改变此参数，将以吸取颜色的位置为中心，用一个带有羽化的圆形限制选择的范围，当为最大值时，则完全不限制。图3.28所示是选中此选项并设置"范围"数值时的前后对比。

图3.28

（3）检测人像：从Photoshop CS6开始，"色彩范围"命令中新增了检测人脸功能，在使用此命令创建选区时，可以自动根据检测到的人脸进行选择，对人像摄影师或日常修饰人物的皮肤非常有用。要启用"人脸检测"功能，首先要选中"本地化颜色簇"选项，然后再选中"检测人脸"选项，此时会自动选中人物的面部，以及与其色彩相近的区域，如图3.29所示。利用此功能，可以快速选中人物的皮肤，并进行适当的美白或磨皮处理等，如图3.30所示。

图 3.29   图 3.30

（4）颜色吸管：在"色彩范围"对话框中，提供了3个工具，可用于吸取、增加或减少选择的色彩。默认情况下，选择的是吸管工具 🖋️，用户可使用它单击照片中要选择的颜色区域，则该区域内所有相同的颜色将被选中。如果需要选择不同的几个颜色区域，可以在选择一种颜色后，选择添加到取样工具 🖋️单击其他需要选择的颜色区域。如果需要在已有的选区中去除某部分选区，可以选择从取样中减去工具 🖋️单击其他需要去除的颜色区域。

3.2.5 "焦点区域"命令

"焦点区域"命令可以分析图像中的焦点，从而自动将其选中。用户也可以根据需要，调整和编辑其选择范围。

以图 3.31 所示的图像为例，选择"选择" | "焦点区域"命令，将弹出如图 3.32 所示的对话框，默认情况下，其选择结果如图 3.33 所示。

图 3.31   图 3.32   图 3.33

拖动其中的"焦点对准范围"滑块，或在后面的文本框中输入数值，可调整焦点范围，此数值越大，则选择范围越大，反之则选择范围越小，图3.34所示是将此数值设置为4.71时的选择结果。

另外，用户也可以使用其中的焦点区域添加工具 和焦点区域减去工具 ，增加或减少选择的范围，其使用方法与快速选择工具 基本相同，图3.35所示是使用焦点区域减去工具 ，减选人物以外图像后的效果。

图 3.34　　　　　　　　图 3.35

在得到满意的结果后，可在"输出到"下拉列表中选择结果的输出方式，其选项及功能与"选择并遮住"命令相同，故不再详细讲解。

通过上面的演示可以看出，此命令的优点在于能够快速选择主体图像，大大提高选择工作的效率，其缺点就是，对毛发等细节较多的图像，很难进行精确的抠选，此时可以在调整结果的基础上，单击对话框中的"选择并遮住"按钮，以使用"选择并遮住"命令继续对其进行深入的抠选处理。

3.3　编辑与调整选区

对现有的选区进行编辑和调整，可以得到新的或更为精确的选区，以提高操作效率，下面讲解编辑和调整选区的方法和命令。

3.3.1　移动选区

要移动选区的位置，可以按下述步骤进行。

（1）在图像中绘制选区。

（2）将光标放在绘制的选择区域内。

（3）待光标的形状将要变为 ▶︎ 时，按下鼠标左键拖动选区即可移动选区，此操作过程如图3.36所示。

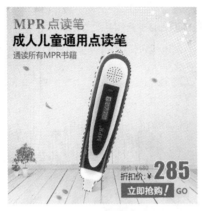 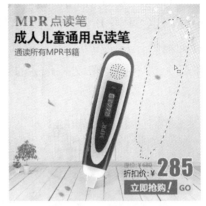

（a）原选择区域　　　　　　　　　（b）向上方拖动后的选择区域

图3.36

> **提示**：如果在移动光标的同时，按住Shift键，可限制移动的方向为45°。按键盘上的箭头位移键，可以按1个像素的增量移动选区。按住Shift键和键盘箭头键，可按10个像素的增量移动选区。

3.3.2 取消选择区域

当图像中存在选区时，对图像所做的一切操作都被限定在选区中，所以在不需要选区的情况下，一定要将选区取消。取消选择区域有3种方法。

（1）选择矩形选框工具 ▭ 或套索工具 ◯，在图像中单击，即可取消选区。

（2）选择"选择"|"取消选择"命令。

（3）按快捷键Ctrl+D。

3.3.3 再次选择刚刚选取的选区

选择"选择"|"重新选择"命令或按快捷键Shift+Ctrl+D，可重选上次放弃的选区。

3.3.4 反选

如果希望选中当前选区外部的所有区域，可以选择"选择"|"反向"命令。如图3.37所示为原选区，如图3.38所示为选择"反向"命令后得到的选区。

图 3.37　　　　　　　　　　　　　　　　图 3.38

3.3.5　羽化

在前面所讲述的若干创建选区工具的选项栏中基本都有"羽化"文本框，在此输入数值可以羽化以后将要创建的新选区。

对于当前已存在的选区，要进行羽化则必须选择"选择"|"修改"|"羽化"命令，这时弹出如图 3.39 所示的对话框。

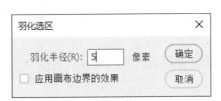

图 3.39

在"羽化半径"数值框中输入数值，则可以羽化当前选区的轮廓。数值越大，柔化效果越明显。

3.3.6　选择并遮住

从 Photoshop CC 2017 开始，原"调整边缘"命令更名为"选择并遮住"，以更突出其功能，并将原来的对话框形式改为了在新的工作区中操作，从而更利于预览和处理。

在使用时，首先沿着图像边缘绘制一个大致的选区，然后选择"选择"|"选择并遮住"命令，或在各个选区绘制工具的工具选项栏上单击"选择并遮住"按钮，即可显示一个专用的工作箱及"属性"面板，如图 3.40 所示。

图3.40

下面来讲解一下"选择并遮住"命令的工具及"属性"面板中各参数的功能。

1. 视图模式

此区域中的各参数解释如下：

（1）视图：在此列表中，Photoshop依据当前处理的图像，生成了实时的预览效果，以满足不同的观看需求。根据此列表底部的提示，按F键可以在各个视图之间进行切换，按X键即只显示原图。

（2）显示边缘：选中此复选框后，将根据在"边缘检测"区域中设置的"半径"数值，仅显示半径范围以内的图像。

（3）显示原稿：选中此复选框后，将依据原选区的状态及所设置的视图模式进行显示。

（4）实时调整：此复选框为默认选中且不可取消，即调整参数所带来的变化会实时显示出来。

（5）高品质预览：选中此复选框后，可以以更高的品质进行预览，但同时会占用更多的系统资源。

（6）预设：在下拉列表中，可以选择载入以前用"选择并遮住"命令保存的参数预设，也可以将当前的调整参数保存为预设。

（7）记住设置：勾选中此选项，可以记住当前的参数，当再次使用"选择并遮住"命令时，会以记住的参数显示图像效果。

2. 调整模式

此区域中的各参数释义如下：

（1）颜色识别：选中此复选框后，将依据颜色进行选择，适合抠选背景纯净的画面。

（2）对象识别：选中此复选框后，将依据画面中的主体进行选择，适合抠选背景复杂，但主体很突出的画面。

3. 边缘检测

此区域中的各参数解释如下：

（1）半径：此处可以设置检测边缘时的范围。

（2）智能半径：选中此复选框后，将依据当前图像的边缘自动进行取舍，以获得更精确的选择结果。

如图3.41所示的参数进行设置后，图3.42所示是预览得到的效果。

图3.41　　　　　　　　　　　图3.42

4. 全局调整

此区域中的各参数解释如下：

（1）平滑：当创建的选区边缘非常生硬，甚至有明显的锯齿时，可使用此选项来进行柔化处理，如图3.43所示。

（2）羽化：此参数与"羽化"命令的功能基本相同，是用来柔化选区边缘的。

（3）对比度：设置此参数可以选择并遮住的虚化程度，数值越大则边缘越锐化。通常可以帮助用户创建比较精确的选区，如图3.44所示。

图3.43　　　　　　　　　　　图3.44

（4）移动边缘：该参数与"收缩"和"扩展"命令的功能基本相同，向左侧拖动滑块可以收缩选区，而向右侧拖动则可以扩展选区。

5. 输出设置

此区域中的各参数解释如下：

（1）净化颜色：选择此复选框后，下面的"数量"滑块被激活，拖动调整其数值，可以去除选择后的图像边缘的杂色。如图3.45所示是选择此选项并设置适当参数后的效果对比，可以看出，处理后的结果被过滤掉了原有的诸多绿色杂边。

（2）输出到：在此下拉列表中，可以选择输出的结果。

图3.45

6. 工具箱

在"选择并遮住"工作区中，可以利用工具箱里的工具对抠图结果进行调整，其中的快速选择工具 、缩放工具 、抓手工具 及套索工具 在前面章节中已经有过介绍，下面来主要说明此命令特有的工具。

（1）画笔工具 ：该工具与Photoshop中的画笔工具 同名，但此处的画笔工具 是用于增加抠选的范围。

（2）调整边缘画笔工具 ：使用此工具可以擦除部分多余的选择结果。当然，在擦除过程中，Photoshop仍然会自动对擦除后的图像进行智能优化，以得到更好的选择结果。如图3.46所示为擦除前后的效果对比。

（3）对象选择工具 ：使用此工具在画面中单击，可以自动识别并选中画面中的对象。

图3.47所示是继续执行了细节修饰后的抠图效果及将其应用于写真模板后的效果。

需要注意的是，"选择并遮住"命令相对于通道或其他专门用于抠图的软件及方法，其功能还是比较简单的，因此无法苛求它能够抠出高品质的图像，通常可以作为在要求不太高的情况下，或图像对比非常强烈时使用，以达到快速抠图的目的。

图 3.46

图 3.47

3.4 习题

1. 选择题

1.下列哪个选区工具可以"用于所有图层"？（　　　）

A.魔棒工具 ✎　　　　　　　　　　　B.矩形选框工具 ▢

C.椭圆选框工具 ○　　　　　　　　　D.套索工具 ⬡

2.快速选择工具 ✐ 在创建选区时，其涂抹方式类似于：（　　　）

A.魔棒工具 ✎　　　　　　　　　　　B.画笔工具 ✎

C.渐变工具 ▣　　　　　　　　　　　D.矩形选框工具 ▢

3.取消选区操作的快捷键是（　　　）

A. Ctrl+A　　　　　　　　　　　　　B. Ctrl+B

C. Ctrl+D　　　　　　　　　　　　　D. Ctrl+Shift+D

4.在使用"色彩范围"命令的"人脸检测"选项前，应先（　　　）

A.选中"本地化颜色簇"选项　　　　B.选择"选择范围"选项

C.设置"颜色容差"为100　　　　　　D.设置"范围"为100%

5. Adobe Photoshop中，下列哪些途径可以创建选区？（　　　）

A.利用磁性套索工具 ⬡　　　　　　　B.利用 Alpha 通道

C.魔棒工具 ✎　　　　　　　　　　　D.利用选择菜单中的"色彩范围"命令

6.下面是使用椭圆选框工具 ○ 创建选区时常用到的功能，请问哪些是正确的？（　　　）

A.按住 Alt 键的同时拖拉鼠标可得到正圆形的选区

B.按住 Shift 键的同时拖拉鼠标可得到正圆形的选区

C.按住 Alt 键可形成以鼠标的落点为中心的圆形选区

D.按住 Shift 键使选择区域以鼠标的落点为中心向四周扩散

7.下列哪个工具可以方便地选择连续的、颜色相似的区域？（　　　）

A.矩形选框工具 ▢ 　　　　　　　　　　B.快速选择工具 ✎

C.魔棒工具 ✎ 　　　　　　　　　　　　D.磁性套索工具 ⚲

8.下列哪些操作可以实现选区的羽化？（　　　）

A.如果使用矩形选框工具 ▢ ，可以先在其工具选项栏中设定"羽化"数值，然后再在图像中拖拉创建选区

B.如果使用魔棒工具 ✎ ，可以先在其工具选项栏中设定"羽化"数值，然后在图像中单击创建选区

C.在创建选区后，在矩形选框工具 ▢ 或椭圆选框工具 ◯ 的选项栏上设置"羽化"数值

D.对于已经创建好选区，可通过"选择"｜"修改"｜"羽化"命令来实现羽化

9.下列哪些工具可以在工具选项栏中设置选区模式？（　　　）

A.魔棒工具 ✎ 　　　　　　　　　　　　B.矩形选框工具 ▢

C.椭圆选框工具 ◯ 　　　　　　　　　　D.多边形套索工具 ⚲

10.以下可以制作不规则选区的是：（　　　）

A.套索工具 ⚲ 　　　　　　　　　　　　B.矩形选框工具 ▢

C.多边形套索工具 ⚲ 　　　　　　　　　D.磁性套索工具 ⚲

2. 上机操作题

1.打开随书所附的素材"第3章\上机题1－素材 .jpg"，如图 3.48 所示，在其边缘绘制不规则的选区并羽化，然后填充白色，以制作得到类似如图 3.49 所示的效果。

图 3.48　　　　　　　　　　　　　　　　图 3.49

2.打开随书所附的素材"第3章\上机题2－素材 .jpg"，如图 3.50 所示，执行"色彩范围"命令将其中的火焰图像抠选出来，如图 3.51 所示。

图 3.50

图 3.51

3.打开随书所附的素材"第3章\上机题3－素材.jpg"，如图3.52所示，试使用两种以上的方法将其抠选出来，然后为玩具以外的图像填充白色，得到如图3.53所示的效果。

图 3.52

图 3.53

第4章 掌握绘画及编辑功能

　　本章主要讲解 Photoshop 的绘画及图像编辑、润饰功能，其中包括对画笔工具 的深入讲解与广泛示例、使用渐变工具 创建各类渐变效果的方法、使用选区进行描边填充的方法、变换图像大小、角度及形态等属性的方法，以及对图像进行仿制和修复的方法。

　　上述工具及命令的使用频率都较高，因此建议各位读者认真学习这些工具与命令的使用方法。

学习重点

◎ 选色与绘图工具。

◎ "画笔设置"面板。

◎ 用选区作图。

◎ 变换图像。

◎ 仿制与修复工具。

4.1 选色与绘图工具

　　就像我们画画一样，画笔再好，没有墨水，什么也画不出来。使用 Photoshop 绘画也是一样，首先应该了解我们所使用的颜色和画笔的基本状况。

4.1.1 选色

　　在 Photoshop 中的选色操作包括选择前景色与背景色。选择前景色和背景色非常重要，Photoshop使用前景色绘画、填充和描边选区等，使用背景色生成渐变填充并在图像的抹除区域中填充。有些特殊效果滤镜也使用前景色和背景色。

在工具箱中可设置前景色和背景色，工具箱下方的颜色选择区由设置前景色、设置背景色、切换前景色和背景色按钮↻及默认前景色和背景色按钮▪组成，如图4.1所示。

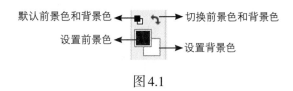

图4.1

（1）切换前景和背景色按钮↻：单击该按钮可交换前景色和背景色的颜色。

（2）默认前景色和背景色按钮▪：单击该按钮可恢复为前景色为黑色，背景色为白色的默认状态。

无论单击前景色颜色样本块还是背景色颜色样本块，都可以弹出"拾色器"对话框，图4.2所示为单击前景色弹出的对话框。

在"拾色器"对话框中颜色区单击任何一点即可选取一种颜色，如果拖动颜色条上的三角形滑块，可以选择不同颜色范围中的颜色。

如果正在设计网页，则可能需要选择网络安全颜色。要选择网络安全颜色，可在"拾色器"中选择"只有Web颜色"选项，在该选项被选中的情况下，"拾色器"显示如图4.3所示，在此状态下可直接选择能正确显示于互联网中的颜色。

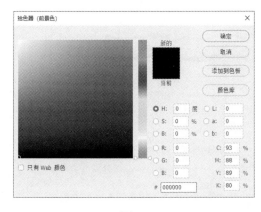
图4.2

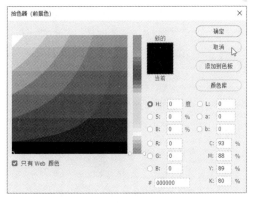
图4.3

4.1.2 画笔工具

1. 画笔工具简介

画笔工具 ✎ 是Photoshop中最重要的绘图工具，使用此工具能够完成复杂的绘画制作。

在使用画笔工具 ✐.进行工作时，需要注意的操作要点有两个，即需要选择正确的前景色及正确的画笔工具选项或参数。

对于选择前景色，在4.1.1节中已经有较为详细地讲解了，下面讲解如何设置工具的选项或参数。

在工具箱中选择画笔工具 ✐.，工具选项栏将显示如图4.4所示，在此可以选择画笔的笔刷类型并设置作图透明度及叠加模式。

图4.4

2. 快速选择画笔

单击工具选项栏中画笔右侧的三角形按钮 ，在弹出的如图4.5所示的画笔选择器中选择需要的笔刷。Photoshop内置的笔刷效果非常丰富，使用这些笔刷能够绘制出不同效果的图像，如图4.6所示为Photoshop内置的笔刷效果，如图4.7所示为使用不同的笔刷绘制出的不同效果。

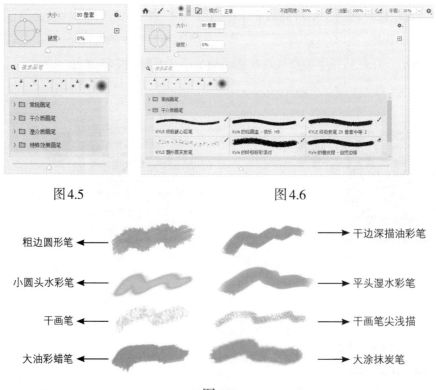

图4.5　　　　　　　　　　　　　　图4.6

图4.7

3. 设置画笔模式

单击工具选项栏中"模式"下拉菜单按钮☑，选择使用画笔工具 ✐ 作图时所使用的颜色与底图的混合效果，有关各种模式的解释请参阅本书第8.9节。

4. 设置画笔不透明度

在"不透明度"文本框中输入百分数或单击右侧☑按钮调节三角形滑块，设置绘制图形的透明度。百分比数值越小在绘制时得到的图像的颜色越淡，如图4.8所示为设置不同画笔不透明度数值后为国画中的蟠桃着色的过程。

（a）不透明度为20%　　　　　（b）不透明度为50%　　　　　（c）不透明度为100%

图4.8

5. 设置画笔平滑

无论是使用鼠标或绘图板控制画笔工具☑绘制图像，都可能由于使用不经意间的抖动，导致绘制出的图像不够平滑，而在Photoshop CC 2024中有专门用于解决此问题的平滑选项，其中包含了"平滑"参数及通过单击设置按钮☼，在弹出的面板中设置的平滑选项。下面分别介绍其作用：

（1）平滑：此参数可以控制绘画时得到图像的平滑度，其数值越大，则平滑度越高。例如在图4.9中，左侧为设置"平滑"数值为0时，使用鼠标绘制的结果，右侧所示是设置"平滑"数值为20时的结果，可以看出，右侧图像明显更加平滑。

图4.9

（2）拉绳模式：选中此选项后，绘制时会在画笔中心显示一个紫色圆圈，该圆圈表示当前设置的"平滑"半径，即"平滑"参数越大，则紫色圆圈越大。此外，紫色圆圈内部显示一条拉绳，随着画笔的移动，只有该拉绳被拉直时，才会执行绘图操作。在图4.10中，拉绳没有拉直，所以画笔移动时没有绘图，图4.11中，拉绳刚刚被拉直，因此也没有绘图，在图4.12中，拉绳被拉直，此时才会执行绘图操作。

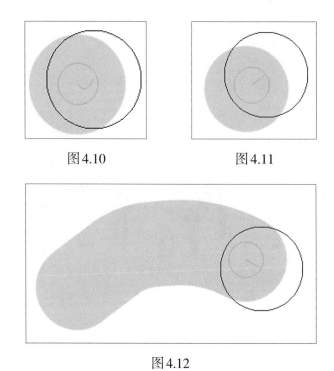

图4.10　　　　　　　　　　　　图4.11

图4.12

（3）描边补齐：在设置了"平滑"参数时，绘制的图像往往慢于鼠标移动的速度，且"平滑"数值越高、移动速度越快，该问题就越严重，导致当我们从一点至另外一点绘图时，往往鼠标已经移至另一点，但绘制的图像还没有到达另一点，此时可以通过此选项自动进行补齐。图4.13所示是未选中此选项时，从A向B点绘图，此时光标已经移至B点（保持按住鼠标左键不动），但只绘制了不到一半的图像；图4.14所示是选中此选项后，在按住鼠标左键的情况下，会继续绘制图像，直至图像也到达B点，或光标再次移动、释放鼠标左键为止。

图4.13

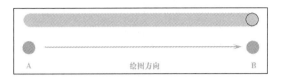

图4.14

（4）补齐描边末端：该选项与"描边补齐"的功能基本相同，都是用于补齐绘图，只是该选项是在释放鼠标左键后，自动补齐当前绘制的位置与释放鼠标左键的位置之间的图像。图4.15所示是在未选中此选项时，光标已经移动到左下方的点，此时释放鼠标左键，不会自动补齐图像；图4.16所示是在选中此选项时，当前绘制的图像与释放鼠标左键的位置还有一段空白，此时会自动补齐图像。

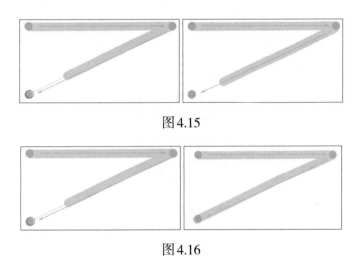

图4.15

图4.16

（5）调整缩放：选中此选项时，可以通过调整平滑，防止抖动描边。在放大文档显示比例时减小平滑；在缩小文档显示比例时增加平滑。

提示：除画笔工具 🖊 外，上述平滑选项也适用于铅笔工具 🖊、橡皮擦工具 🖌 及混合器画笔工具 🖌 等。

6. 绘画对称

在使用画笔工具 🖊、铅笔工具 🖊、橡皮擦工具 🖌 时，在工具选项栏上单击绘画对称图标 🔲，可以利用这些工具绘制对称图形。从几种可用的对称类型中选择，如图4.17所示。

在选中任意一个对称类型后，将显示对称控件变换控制框，用于调整对称控件的位置、大小等属性，如图4.18所示。

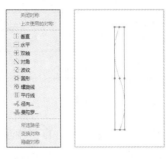

图4.17　　　　图4.18

　　用户可以像编辑自由变换控制框那样，改变对称控件的大小及位置，然后按Enter
键确认后，即可以此为基准绘制对称图像。

　　在绘画过程中，图像将在对称控件周围实时显示出来，从而可以更加轻松地素描
人脸、汽车、动物或花纹图案等具有对称性质的图像。如图4.19所示是结合绘图板及
绘画对称功能绘制的艺术图案。

图4.19

4.1.3　铅笔工具

铅笔工具 ⟋用于绘制边缘较硬的线条，此工具的选项栏如图4.20所示。

图4.20

　　铅笔工具 ⟋选项栏中的选项与"画笔"工具选项栏的选项非常相似，不同之处
是在此工具被选中的情况下，"画笔设置"面板中所有笔刷均为硬边。若选中"自动抹

除"复选项,进行绘图时,如绘图处不存在使用铅笔工具 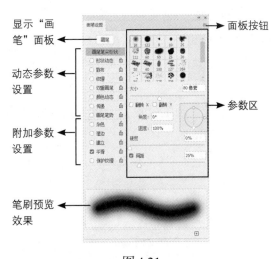 所绘制的图像,则此工具的作用是以前景色绘图。反之,如果存在以前使用铅笔工具 所绘制的图像,则此工具可以起到擦除图像的作用。

4.2 设置画笔参数与管理画笔预设

在"画笔设置"面板中,我们可以为画笔设置"形状动态""散布""纹理"等,使画笔笔触能够绘制出丰富的随机效果。能够在"画笔设置"面板中设置笔触效果的工具有画笔工具 、铅笔工具 、修复画笔工具 、橡皮擦工具 、仿制图章工具 、涂抹工具 等,"画笔设置"面板在Photoshop的绘画功能中具有极其重要的作用。

4.2.1 认识"画笔设置"面板

要显示"画笔设置"面板,可以在上述工具被选中的情况下,在工具选项栏中单击切换画笔设置按钮 ,或直接按F5键。在默认情况下"画笔设置"面板显示如图4.21所示。

图4.21

提示:在Photoshop CC 2024中,之前用于设置画笔参数的"画笔"面板改名为"画笔设置"面板;之前用于管理画笔预设的"画笔预设"面板改名为"画笔"面板。

下面是一些有关"画笔设置"面板的基本使用方法。

(1)单击"画笔"按钮,单击此按钮可以调出"画笔"面板。

（2）单击"画笔设置"面板右上角的面板按钮▣，在弹出的菜单中可对画笔进行简单的控制。

（3）动态参数设置：在该区域中列出了可以设置动态参数的选项，其中包含"画笔笔尖形状""形状动态""散布""纹理""双重画笔""颜色动态""传递"和"画笔笔势"8个选项。

（4）附加参数设置：在该区域中列出了一些选项，选择它们可以为画笔增加杂色及湿边等效果。

（5）参数区：该区域中列出了与当前所选的动态参数相对应的参数，在选择不同的选项时，该区域所列的参数也不相同。

（6）笔刷预览效果：在该区域可以看到根据当前的画笔属性生成的预览图。

（7）创建新画笔按钮▣：单击此按钮，可以将当前选择的画笔定义为一个新画笔。

4.2.2 选择画笔

在"画笔设置"面板的显示预设画笔区列有各种画笔，要选择一种画笔，只需在预设区中单击要选择的画笔即可。

4.2.3 编辑画笔的常规参数

基本上"画笔设置"面板中的每一种画笔都有数种属性可以编辑，其中包括"大小""角度""间距""圆度"，通过编辑这些参数，可以改变画笔的外观，从而得到效果更为丰富的画笔。

要编辑上述常规参数，选择"画笔设置"面板参数区的"画笔笔尖形状"选项，此时"画笔设置"面板如图4.22所示。

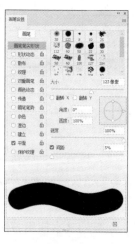

图4.22

拖动相应的滑块或在参数文本框中输入数值即可编辑上述参数，在调节参数的同时，可以在预视区观察调节后的效果。

（1）大小：在该文本框中输入数值或调节滑块，可以设置画笔的大小，数值越大，画笔的大小越大，绘制效果如图4.23所示。

（2）硬度：在该文本框中输入数值或调节滑块，可以设置画笔边缘的硬度，数值越大，画笔的边缘越清晰，数值越小边缘越柔和，绘制效果如图4.24所示。

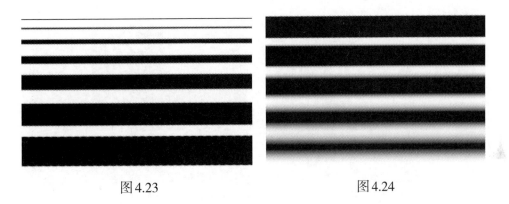

图4.23   图4.24

（3）间距：在该文本框中输入数值或调节滑块，可以设置绘图时组成线段的两点间的距离，数值越大间距越大。

（4）将画笔的"间距"设置成为一个足够大的数值，则可以得到如图4.25所示的点线效果。

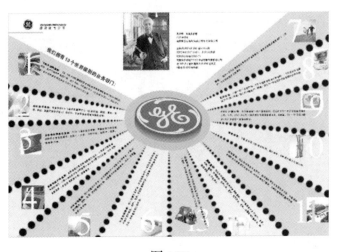

图4.25

（5）翻转X，翻转Y：选中这两个复选框，可以令画笔进行水平方向或者垂直方向上的翻转。

（6）圆度：在该文本框中输入数值，可以设置画笔的圆度。数值越大，画笔越趋向于正圆或画笔在定义时所具有的比例。

（7）角度：在该文本框中直接输入数值，则可以设置画笔旋转的角度。对于圆形画笔，仅当"圆度"数值小于100%时，才能够看出效果。

如图4.26所示为圆形画笔角度相同，圆度不同时绘制的对比效果，如图4.27所示为非圆形画笔角度相同，圆度不同时绘制的对比效果。

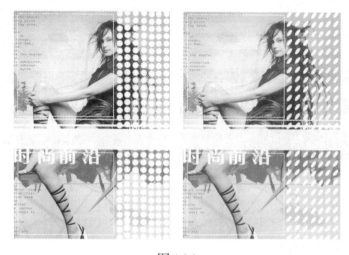

图4.26

图4.27

4.2.4 编辑画笔的动态参数

选择"形状动态"复选框后，"画笔设置"面板如图4.28所示。在下面的示例中，我们使用的是一个酒瓶形状的画笔。

图4.28

（1）大小抖动：此参数控制画笔在绘制过程中尺寸的波动幅度，百分数越大，波动的幅度越大，给制效果如图4.29所示。

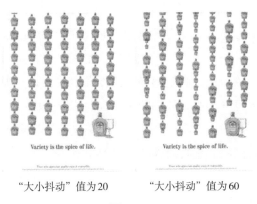

"大小抖动"值为20　　　　　"大小抖动"值为60

图4.29

"大小抖动"选项下方的"控制"选项用于控制画笔波动的方式，其中包括"关""渐隐""钢笔压力""钢笔斜度""光笔轮"共5种方式。选择"关"选项则在绘图过程中画笔尺寸始终波动，而选择"渐隐"则可以在其后面的文本框中输入一个数值，以确定尺寸波动的步长值，到达此步长值后波动随即结束。

> 提示：由于"钢笔压力""钢笔斜度""光笔轮"3种方式都需要压感笔的支持，因此如果没有安装此硬件，在"控制"下拉列表框的左侧将显示一个叹号 ⚠ 控制：钢笔压力 。

（2）最小直径：此数值控制在画笔尺寸发生波动时，画笔的最小尺寸。百分数越大发生波动的范围越小，波动的幅度也会相应变小。

（3）倾斜缩放比例：当在"控制"下拉列表中选择"钢笔斜度"选项时，此数值被激活，用于控制画笔倾斜的幅度。

（4）角度抖动：此参数控制画笔在角度上的波动幅度，百分数越大，波动的幅度也越大，画笔显得越紊乱，绘制效果如图4.30所示。

 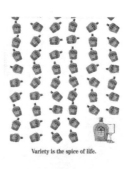

（a）"角度抖动"值为0，"圆度抖动"值为0　　　（b）"角度抖动"值为100，"圆度抖动"值为20

图4.30

（5）圆度抖动：此参数控制画笔笔迹在圆度上的波动幅度。百分数越大，波动的幅度也越大。

（6）最小圆度：此数值控制画笔笔迹在圆度发生波动时，画笔的最小圆度尺寸值，百分数越大发生波动的范围越小，波动的幅度也会相应变小。

（7）画笔投影：在选中此选项后，并在"画笔笔势"选项中设置倾斜及旋转参数，可以在绘图时得到带有倾斜和旋转属性的笔尖效果。

4.2.5 分散度属性参数

在"画笔设置"面板中选择"散布"复选框后"画笔设置"面板如图4.31所示。下面的示例是一个文字形状的画笔。

图4.31

（1）散布：此参数控制使用画笔笔划的偏离程度，百分数越大，偏离的程度越大，绘制效果如图 4.32 所示。

（2）两轴：选择此复选框，笔迹在 X 和 Y 两个轴向上发生分散，如果不选择此复选框，则只在 X 轴上发生分散。

（a）"散布"值为 15　　　　　　　（b）"散布"值为 200

图 4.32

（3）数量：此参数控制画笔笔迹的数量，数值越大画笔笔迹越多。

（4）数量抖动：此参数控制画笔笔迹数量的波动幅度，百分数越大，画笔笔迹的数量波动幅度越大，绘制效果如图 4.33 所示。

（a）"数量"值为 1，"数量抖动"值为 0　　（b）"数量"值为 1，"数量抖动"值为 100

图 4.33

4.2.6 纹理效果

在"画笔设置"面板的参数区选择"纹理"复选框，可以使我们在绘制时为画笔的笔迹叠加一种纹理，从而在绘制的过程中应用纹理效果。在此复选框被选中的情况下，"画笔设置"面板如图4.34所示。

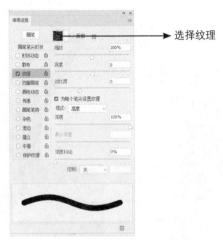

图4.34

（1）选择纹理：要使用此效果，必须在"画笔设置"面板上方的纹理选择下拉列表中选择合适的纹理效果，此下拉列表中的纹理均为系统默认或由用户创建的纹理。

（2）缩放：拖动滑块或在文本框中输入数值，可以定义所使用的纹理的缩放比例。

（3）模式：在此可从10种预设模式中选择其中的某一种，作为纹理与画笔的叠加模式。

（4）深度：此参数用于设置所使用的纹理显示时的浓度，数值越大则纹理的显示效果越好，反之纹理效果越不明显。

（5）最小深度：此参数用于设置纹理显示时的最浅浓度，参数越大则纹理显示效果的波动幅度越小。例如，"最小深度"参数的设置值为80%，而"深度"参数值为100%，两者间的波动范围幅度仅有20%。

（6）深度抖动：此参数用于设置纹理显示浓淡度的波动程度，数值越大则波动的幅度也越大。

4.2.7 新建画笔

如果需要更具个性化的画笔效果，可以自定义画笔，其操作步骤如下。

（1）打开随书所附的素材"第4章\4.2.7–素材 .jpg"，如图4.35所示。

图4.35

（2）如果要将图像中的部分内容定义为画笔，则需要使用选择类工具（如矩形选框工具◻、套索工具◯、魔棒工具✎等）将要定义为画笔的区域选中；如果要将整个图像都定义为画笔，则无需进行任何选择操作。

（3）执行"编辑"|"定义画笔预设"命令，在弹出的"画笔名称"对话框中键入画笔的名称，单击"确定"按钮退出对话框。

（4）在"画笔设置"面板中可以查看新定义的画笔，如图4.36所示。

图4.36

4.2.8　使用"画笔"面板管理画笔预设

"画笔"面板主要用于管理Photoshop中的各种画笔，如图4.37所示，在其面板菜单中，可以对画笔进行更多的管理和控制。

图4.37

"画笔"面板中常用功能的解释如下：

（1）创建新组按钮 ▣：在Photoshop CC 2024中，可以对画笔进行分组管理，单击此按钮并在弹出的对话框中输入名称，即可创建新的画笔分组，用户可以将画笔拖至不同的分组中，以便于进行管理。

（2）创建新画笔按钮 ⊞：单击该按钮，在弹出的对话框中单击"确定"按钮，按当前所选画笔的参数创建一个新画笔。

（3）删除画笔按钮 🗑：在选择"画笔预设"选项的情况下，选择了一个画笔后，该按钮就会被激活，单击该按钮，在弹出的对话框中单击"确定"按钮即可将该画笔删除。

4.3 渐变工具

渐变工具 ▣ 是在图像的绘制与模拟时经常用到的，它也可以帮助我们绘制作品的基本背景色彩及明暗、模拟图像立体效果等，本节将进行详细的讲解。

4.3.1 绘制渐变的基本方法

渐变工具 ▣ 的使用方法较为简单，操作步骤如下：

（1）选择渐变工具 ▣，在工具选项栏上 ▣▣▣▣▣ 所示的5种渐变类型中选择合适的类型。

（2）单击渐变效果显示框旁边的 ▾ 图标，在弹出的如图4.38所示的渐变类型面板中选择合适的渐变效果。

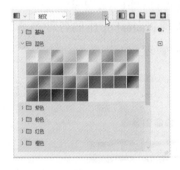

图4.38

（3）设置渐变工具选项栏中的其他选项。

（4）使用渐变工具 ▣ 在图像中拖动，即可创建渐变效果。拖动过程中，拖动的距离越长渐变过渡越柔和，反之过渡越急促。

4.3.2 创建实色渐变

在工具选项栏中选择经典渐变 ■ ▾ 经典渐变，然后单击渐变效果显示框，弹出如图4.39所示的"渐变编辑器"对话框。在此对话框中可以创建新的实色渐变类型。

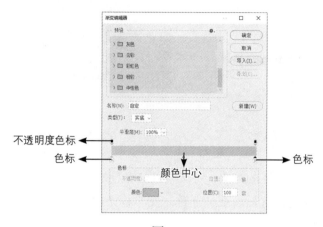

不透明度色标

色标　　　　　　颜色中心　　　　　　色标

图4.39

下面我们以创建一个颜色渐变为"灰－白－灰"的新渐变为例，讲解如何创建一个新的实色渐变，其操作步骤如下：

（1）在工具选项栏中选择经典渐变，然后单击渐变效果显示框，如图4.40所示，显示"渐变编辑器"对话框。

（2）在颜色条的下方中间处单击鼠标，在颜色条上添加一个色标，如图4.41所示。

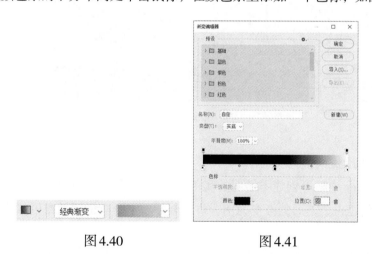

图4.40　　　　　　　　图4.41

（3）单击选择左下角的色标，如图4.42所示。

（4）单击"颜色"色块，在弹出的颜色选择器中选择灰色，如图4.43所示。

 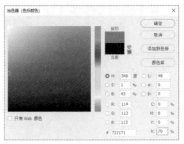

图 4.42   图 4.43

（5）重复步骤3、4所述的方法，定义中点与终点处色标的颜色。

（6）完成渐变颜色设置后，在"名称"文本框中输入渐变的名称。单击"新建"按钮即可将其保存起来。

（7）单击"确定"按钮退出该对话框，新创建的渐变自动处于被选中状态。

图4.44所示的各类作品中，都不同程度地使用了多种渐变。

图 4.44

4.3.3 创建透明渐变

在 Photoshop 中除可创建不透明的实色渐变外，还可以创建具有透明效果的渐变。在此我们以创建一个菱形的渐变为例，讲解创建一个具有透明效果的渐变，其操作步骤如下：

（1）按上例所讲述的方法进行操作，创建多色的实色渐变。如图4.45所示。

（2）在渐变条中单击右侧的黑色不透明度色标，如图4.46所示，以调整不透明度色标。

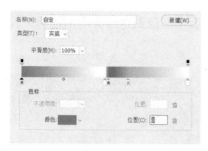
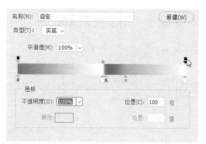

图4.45　　　　　　　　　　　　图4.46

> 提示：在"渐变编辑器"对话框中，渐变类型各色标值从左至右分别为
> 2989cc、ffffff、906a00、d99f00和ffffff。

（3）在该色标处于选中状态下，在不透明度文本框中输入数值32，以将此滑块所对应的位置定义为透明，如图4.47所示。再将光标移至需要添加不透明度色标的位置，当光标成小手状时，如图4.48所示。单击并调整不透明度值。

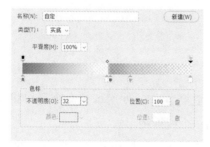

图4.47　　　　　　　　　　　　图4.48

（4）图4.49为按上一步的操作方法添加其他不透明度色标后的状态。单击"确定"按钮退出该对话框即可。

图4.49

> 提示：在"渐变编辑器"对话框中，不透明度色标值从左至可分别为100%、
> 32%、100%、0%、32%。

图 4.50 所示为应用渐变后的效果，可以看出图像四角部分均不透明，仅中间的区域呈现透明效果。

图 4.50

提示：在使用具有透明度的渐变时，一定要选中渐变工具 选项栏上的"透明区域"选项，否则将无法显示渐变的透明效果。

4.4 用选区作图

对于创建的选区，我们可进行填充与描边等操作，使用填充命令可以将选区填充定义的颜色和图案，使用描边命令可以得到一个线框图形。

本节主要讲解"填充"和"描边"命令的操作以及填充图案的自定义方法。

4.4.1 填充操作

利用"编辑"|"填充"命令可以进行填充操作。选择"编辑"|"填充"命令，将弹出如图 4.51 所示的"填充"对话框。

图 4.51

此对话框中的重要参数及选项说明如下：

内容：在下拉列表中可以选择填充的类型，包括前景色、背景色、颜色、内容识别、图案、历史记录、黑色、50%灰色、白色。当选择"图案"选项时，其下方的"自定图案"选项被激活，单击"自定图案"右侧预览框的 ∨ 按钮，在弹出的"图案拾色器"面板中可以选择填充的图案。

通常，在使用此命令执行填充操作前，需要制作一个合适的选择区域，如果在当前图像中不存在选区，则填充效果将作用于整幅图像。

另外，若在"使用"下拉菜单中选择"内容识别"的选项，在填充选定的区域时，可以根据所选区域周围的图像进行修补，甚至可以在一定程度上"无中生有"，为用户的图像处理工作提供了一个更智能、更有效率的解决方案。

下面通过一个简单的实例，讲解一下此功能的使用方法。

（1）打开随书所附的文件"第4章\4.4-1-素材 .jpg"，如图4.52所示。在本例中，将修除画面右侧背景中过亮的显示屏。

（2）使用多边形套索工具 ▽ 绘制选区，以将要修除的图像选中。在绘制选区时，可尽量地精确一些，这样填充的结果也会更加准确，但也不要完全贴着手的边缘绘制，这样可能会让填充后的图像产生杂边，如图4.53所示。

（3）按Shift+Backspace键或选择"编辑"|"填充"命令，设置弹出的对话框如图4.54所示。

图 4.52　　　　　　　图 4.53　　　　　　　　　　　图 4.54

（4）单击"确定"按钮退出对话框后，按Ctrl+D键取消选区，将得到如图4.55所示的填充结果。可以看出，选中的图像已经基本被修除，但还留有一些痕迹。

（5）如果效果不满意的话，可以使用修补工具 ⊜ 或仿制图章工具 ♣ ，将残留的痕迹修补干净，得到如图4.56所示的效果，图4.57所示是本例的整体效果。

图4.55   图4.56   图4.57

若选中其中的"颜色适应"选项，则可以在修复图像的同时，使修复后的图像在色彩上也能够与原图像相匹配。

4.4.2 描边操作

对选择区域进行描边操作，可以得到沿选择区域勾描的线框，描边操作的前提条件是具有一个选择区域。选择"编辑"│"描边"命令，弹出如图4.58所示对话框。

图4.58

在该对话框中几个比较重要的参数及选项说明如下。

（1）宽度：在该文本框中输入数值，可确定描边线条的宽度，数值越大线条越宽。

（2）颜色：如果要设置描边线条的颜色可以单击该图标，在弹出的拾色器中选择颜色。

（3）位置：选择"位置"中的单选按钮，可以设置描边线条相对于选择区域的位置，图4.59所示分别为选择3个单选按钮后所得的描边效果。

（4）混合：可以设置填充的模式、不透明度等属性。

（a）选择"内部"单选按钮　　（b）选择"居中"单选按钮　　（c）选择"居外"单选按钮

图 4.59

4.4.3　自定义图案

在 Photoshop 中图案具有很重要的作用，在很多工具的工具选项栏及对话框中都有"图案"选项。使用"图案"选项时，除了利用系统自带的一些图案外，我们还可以自定义图案，以用作填充内容。

自定义图案的操作步骤如下：

（1）打开随书所附的素材"第 4 章 \4.4.3– 素材 .psd"，用矩形选框工具  选择人物图像，如图 4.60 所示。

（2）选择"编辑"|"定义图案"命令。

（3）在弹出的对话框中输入图案的名称，确认后图案被添加至"图案"下拉菜单中，如图 4.61 所示为使用此图案填充后的效果。

> 提示：执行第 1 步操作时，矩形选框工具 的"羽化"值一定要为 0。另外，在选择要定义的图像时，不要利用"变换选区"等命令对选区的大小进行调整，否则将无法应用"定义图案"命令。

图 4.60　　　　　　　　　　　　　图 4.61

本例所展示的是将一幅素材图像定义为图案，但实际上我们也可以先自己绘制图像，然后用同样的方法将所绘制的图像的某一部分或全部定义为图案。

4.5 变换图像

变换图像是非常重要的图像编辑手段，通过变换图像可以对图像进行放大、缩小、旋转等操作。

4.5.1 缩放

选择"编辑"|"变换"|"缩放"命令，可以对选区中的图像进行缩放操作。选择此命令将使图像的四周出现变换控制框，如图4.62所示。

将光标放于变换控制框中的控制句柄上，待光标显示为↗形时按下鼠标左键拖动控制句柄即可对图像进行缩放，如图4.63所示。得到合适的缩放效果后，按回车键确认变换即可。

图4.62 图4.63

提示：如果拖动控制句柄时按住Shift键，则可按比例缩放图像。如果拖动控制句柄时按住Alt键，则可依据当前操作中心对称地缩放图像。

4.5.2 旋转

选择"编辑"|"变换"|"旋转"命令，可以对选区中的图像进行旋转操作。

与缩放操作类似，选择此命令后当前操作图像的四周将出现变换控制框，将光标放于变换控制框边缘或控制句柄上，待光标转换为↩形时，按下鼠标拖动即可旋转图像。

提示：如果拖动时按住Shift键，则以15°为增量对图像进行旋转。

4.5.3 斜切

选择"编辑"|"变换"|"斜切"命令，可以对选区中的图像进行斜切操作。此操作类似于扭曲操作，其不同之处在于：在扭曲变换操作状态下，变换控制框中控制句柄可以按任意方向移动；在斜切变换操作状态下，变换控制框中控制句柄只能在变换控制框边线所定义的方向上移动。

4.5.4 扭曲

选择"编辑"|"变换"|"扭曲"命令，可以对选区中的图像进行扭曲变形操作。

在此情况下图像四周将出现变换控制框，拖动变换控制框中的控制句柄，即可对图像进行扭曲操作。

如图4.64所示为原图像，如图4.65所示为通过拖动变换控制框中的控制句柄，对处于选择状态的图像执行扭曲操作的过程，如图4.66所示为通过将图像扭曲并将被选图像贴入打印纸上的效果。

图4.64　　　　　　图4.65　　　　　　图4.66

4.5.5 透视

通过对图像应用透视变换命令，可以使图像获得透视效果，其操作方法如下所述：

（1）打开随书所附的文件"d3z\3-5-5-素材.psd"，如图4.67所示。选择"编辑"|"变换"|"透视"命令。

（2）将光标移至变换控制控制句柄上，当光标变为一个箭头 ▷ 时拖动鼠标，即可使图像发生透视变形。

（3）得到需要的效果后释放鼠标，并双击变换控制框以确认透视操作。

如图4.68所示效果为使用此命令并结合图层操作，制作出的具有空间透视效果的图像，如图4.69所示为在变换时的自由变换控制框状态。

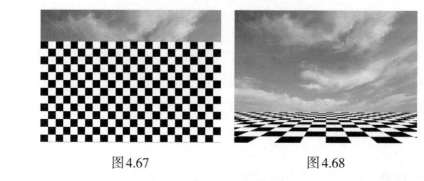

图4.67   图4.68

图4.69

> **提示**：执行此操作时应该尽量缩小图像的观察比例，尽量显示多一些图像外周围的灰色区域，以于拖动控制句柄。本例最终效果为随书所附的文件"d3z\3-5-5.psd"。

4.5.6 变形图像

选择"变形"命令可以对图像进行更为灵活、细致的变换操作，如制作页面折角及翻转胶片等效果。选择"编辑"|"变换"|"变形"命令即可调出变形控制框，同时工具选项栏将显示为如图4.70所示的状态。

在调出变形控制框后，可以采用以下两种方法对图像进行变形操作：

（1）直接在图像内部、锚点或控制句柄上拖动，直至将图像变形为所需的效果。

（2）在工具选项栏的"变形"下拉列表中选择适当的形状。

图4.70

变形工具选项栏中的各参数如下：

（1）变形：在其下拉列表中可以选择15种预设的变形类型。如果选择"自定"选项，则可以随意对图像进行变形操作。

> **提示**：在选择了预设的变形选项后，无法再随意对变形控制框进行编辑。

（2）"更改变形方向"按钮：单击该按钮，可以改变图像变形的方向。

（3）弯曲：输入正值或者负值，可以调整图像的扭曲程度。

（4）H、V：输入数值，可以控制图像扭曲时在水平和垂直方向上的比例。

下面讲解如何使用此命令变形图像。

（1）打开随书所附的素材"第4章\4.5.6–素材1.jpg"和"第4章\4.5.6–素材2.jpg"，如图4.71和图4.72所示，将"素材2"拖至"素材1"中，得到"图层1"。

图4.71　　　　　　　　　　　图4.72

（2）按F7键显示"图层"面板，在"图层1"的图层名称上右击，在弹出的快捷菜单中选择"转换为智能对象"命令，这样该图层即可记录下我们所做的所有变换操作。

（3）按Ctrl+T组合键调出自由变换控制框，按住Shift键缩小图像并旋转图像，将其置于白色飘带的上方，如图4.73所示。

（4）在控制框内右击，在弹出的快捷菜单中选择"变形"命令，以调出变形网格。

（5）将鼠标置于变形网格右下角的控制句柄上，然后向右上方拖动使图像变形，并与白色飘带的形态变化相匹配，如图4.74所示。

图4.73　　　　　　　　　　　图4.74

（6）按照上一步的方法，分别调整渐变网格的各个位置，直至得到如图4.75所示的状态。

对图像进行变形处理后，按Enter键确认变换操作，得到的最终效果如图4.76所示。

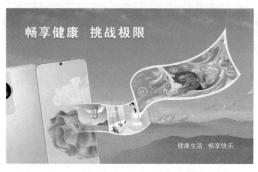

图4.75　　　　　　　　　　　　　图4.76

4.5.7　自由变换

除使用上述各命令进行同类的变换操作外，在Photoshop中还可以在自由变换操作状态下进行各类变换操作，自由的完成旋转、缩放、透视等操作。

选择"编辑"|"自由变换"命令或按下Ctrl+T组合键，可进入自由变换状态。在此状态下配合功能键拖动控制边框的控制句柄即可完成缩放、旋转、扭曲等多种操作。

> **提示**：直接拖动变形控制框的控制句柄可进行旋转、缩放等操作。如需制作透视效果，可按Ctrl+Alt+Shift键拖动控制句柄。如需制作扭曲效果，可按Ctrl键拖动控制句柄。

4.5.8　再次变换

如果已进行过任何一种变换操作，可以选择"编辑"|"变换"|"再次"命令，以相同的参数值再次对当前操作图像进行变换操作，使用此命令可以确保前后两次变换操作的效果相同。例如，上一次将图像旋转90°，选择此命令可以对任意操作图像完成旋转90°的操作。

如果在选择此命令时按住Alt键，则可以对被操作图像进行变换操作并进行复制。如果要制作多个拷贝连续变换操作效果，此操作非常有效。

下面通过一个添加背景效果的小实例讲解此操作。

（1）打开随书所附的素材"第4章\4.5.8–素材.jpg"，如图4.77所示。为便于操作，首先隐藏最顶部的图层，如图4.78所示。

（2）选择钢笔工具 ，在其工具选项栏上选择"形状"选项，在图中绘制如图4.79所示的形状。

图 4.77　　　　　　　　　　图 4.78　　　　　　　　　　图 4.79

提示：关于形状图层的详细讲解，请参见本书第7.4节的内容。

（3）单击钢笔工具选项栏上"填充"右侧的图标，设置弹出的面板如图4.80所示。此时图像的效果如图4.81所示。

图 4.80　　　　　　　　　图 4.81

（4）按"Ctrl+Alt+T"组合键调出自由变换并复制控制框。使用鼠标将控制中心点调整到左上角的控制句柄上，如图4.82所示。

（5）拖动控制框顺时针旋转 –15°，可直接在工具选项栏上输入数值 △ -15.00 度，得到如图4.83所示的变换效果。

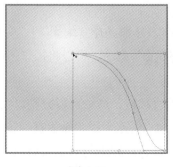

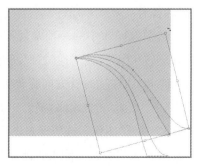

图 4.82　　　　　　　　　　图 4.83

（6）按Enter键确认变换操作，连续按Ctrl+Alt+Shift+T组合键执行连续变换并复制操作，直至得到如图4.84所示的效果。图4.85是显示图像整体的状态，图4.86是显示步骤1隐藏图层后的效果，对应的"图层"面板如图4.87所示。

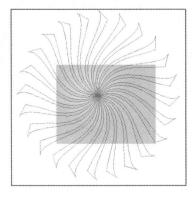

图4.84   图4.85

图4.86   图4.87

4.5.9 翻转操作

翻转图像也是图像操作中的一项常规操作，分别选择"编辑"|"变换"|"旋转180度""顺时针旋转90度"或"逆时针旋转90度"命令，可以将操作图像旋转180°、按顺时针方向旋转90°或按逆时针方向旋转90°。

选择"编辑"|"变换"|"水平翻转""垂直翻转"命令，可分别以经过图像中心点的垂直线为轴水平翻转图像，或以经过图像中点的水平线为轴垂直翻转图像。

如图4.88所示为原图像，如图4.89所示为垂直翻转后的效果，如图4.90所示为水平翻转后的效果。

图4.88　　　　　　　　　图4.89　　　　　　　　　图4.90

4.6 仿制与修复工具

4.6.1 仿制图章工具

使用仿制图章工具 ⚎ 和"仿制源"面板，可以用做图的方式复制图像的局部，并十分灵活地仿制图像。仿制图章工具 ⚎ 选项条如图4.91所示。

图4.91

在使用仿制图章工具 ⚎ 进行复制的过程中，图像参考点位置将显示一个十字准心，而在操作处将显示代表笔刷大小的空心圆，在"对齐"选项被选中的情况下，十字准心与操作处显示的图标或空心圆间的相对位置与角度不变。

仿制图章工具选项栏中的重要参数解释如下：

（1）对齐：在此选项被选择的状态下，整个取样区域仅应用一次，即使操作由于某种原因而停止，再次使用仿制图章工具 ⚎ 进行操作时，仍可从上次操作结束时的位置开始；如果未选择此选项，则每次停止操作后再继续绘画时，都将从初始参考点位置开始应用取样区域。

（2）样本：在此下拉菜单中可以选择定义源图像时所取的图层范围，包括"当前图层""当前和下方图层"以及"所有图层"3个选项，从其名称上便可以轻松理解在定义样式时所使用的图层范围。

（3）"忽略调整图层"按钮 ⚎：在"样本"下拉菜单中选择了"当前和下方图层"或"所有图层"时，该按钮将被激活，按下以后将在定义源图像时忽略图层中的调整图层。

使用仿制图章工具 🔖 复制图像的操作步骤如下所述。

（1）打开随书所附的素材"第4章\4.6.1–素材.jpg"，如图4.92所示。在本例中，将修除人物面部的光斑。

图4.92

本实例将要完成的任务是将左侧装饰图像复制到右侧，使整体图像更加美观。

（2）选择仿制图章工具 🔖，并设置其工具选项栏上如图4.93所示。按住Alt键在左下方没有光斑的面部图像上单击以定义源图像，如图4.94所示。

图4.93

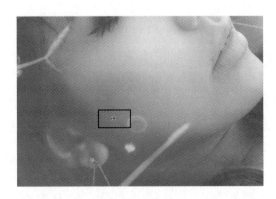

图4.94

（3）将仿制图章的光标置于右侧的目标位置，如图4.95所示，单击鼠标左键以复制上一步定义的源图像。

由于我们要复制的花朵图像为一个类似半圆的图形，所以在复制第一笔的时候一定要将位置把握适当，以免在复制操作的过程中，出现重叠或残缺的现象。

（4）按照步骤2、3的方法，根据需要，适当调整画笔的大小、不透明度等参数，直至将该光斑修除，如图4.96所示。

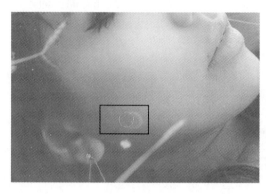 

图4.95　　　　　　　　　　　　　　　图4.96

4.6.2 污点修复画笔工具

污点修复画笔工具 用于去除照片中的杂色或污斑，此工具与下面将要讲解到的修复画笔工具 非常相似，但不同的是使用此工具的方法。

使用此工具时不需要进行采样操作，只需要用此工具在图像中有杂色或污斑的地方单击一下，即可去除此处的的杂色或污斑，这是由于Photoshop能够自动分析单击处图像的不透明度、颜色与质感从而进行自动采样，最终完美的去除杂色或污斑。

如图4.97所示为原图像，使用污点修复画笔工具 在照片中嘴唇下方的污点上单击，图4.98所示为单击后的效果。

图4.97　　　　　　　　　　　　　　　图4.98

选中污点修复画笔工具 选项栏中的"内容识别"选项，可以在修复时依据周围的场景，进行智能化的修复处理。关于"内容识别"功能的知识，在本书第4.4节中讲解"填充"命令时会有更详细的讲解。

4.6.3 使用修复画笔工具

修复画笔工具 的最佳操作对象是有皱纹或雀斑等的照片，或者有污点、划痕的图像，因为该工具能够根据要修改点周围的像素及色彩将其完美无缺地复原，而不留任何痕迹。

使用修复画笔工具 的具体操作步骤如下：

（1）打开随书所附的文件"第4章\4.6.3-素材.jpg"。

（2）选择修复画笔工具 ，在工具选项栏中设置其选项，如图4.99所示。

图4.99

修复画笔工具 选项条中的重要参数解释如下：

取样：用取样区域的图像修复需要改变的区域。

图案：用图案修复需要改变的区域。

（3）在"画笔"下拉列表中选择合适大小的画笔。画笔的大小取决于需要修补的区域大小。

（4）在工具选项栏中选择"取样"单选按钮，按住Alt键在需要修改的区域单击取样，如图4.100所示。

（5）释放Alt键，并将光标放置在复制图像的目标区域，按住鼠标左键拖动此工具，即可修复此区域，如图4.101所示。

图4.100　　　　　　　　　　图4.101

4.6.4 使用修补工具

修补工具 的操作原理是先选择图像中的某一个区域，然后使用此工具拖动选区至另一个区域以完成修补工作。修补工具 的工具选项栏显示如图4.102所示。

图 4.102

工具选项栏中各参数释义如下。

（1）修补：在此下拉列表中，选择"正常"选项时，将按照默认的方式进行修补；选择"内容识别"选项时，Photoshop将自动根据修补范围周围的图像进行智能修补。

（2）源：单击"源"单选按钮，则需要选择要修补的区域，然后将鼠标指针放置在选区内部，拖动选区至无瑕疵的图像区域，选区中的图像被无瑕疵区域的图像所替换。

（3）目标：如果单击"目标"单选按钮，则操作顺序正好相反，需要先选择无瑕疵的图像区域，然后将选区拖动至有瑕疵的图像区域。

（4）透明：选择此选项，可以将选区内的图像与目标位置处的图像以一定的透明度进行混合。

（5）使用图案：在图像中制作选区后，在其"图案拾色器"面板中选择一种图案并单击"使用图案"按钮，则选区内的图像被应用为所选择的图案。

若在"修补"下拉列表中选择"内容识别"选项，则其工具选项栏变为如图4.103所示的状态。

图 4.103

（6）结构：此数值越大，则修复结果的形态会更贴近原始选区的形态，边缘可能会略显生硬；反之，则修复结果的边缘会更自然、柔和，但可能会出现过度修复的问题。如图4.104所示的选区为例，图4.105所示是将选区中的图像向左侧拖动以进行修复时的状态，图4.106所示是分别将此数值为设置为1和7时的修复结果。

图 4.104   图 4.105

"结构"数值为1   "结构"数值为7

图4.106

（7）颜色：此参数用于控制修复结果中，可修改源色彩的强度。此数值越小，则保留更多被修复图像区域的色彩；反之，则保留更多源图像的色彩。

值得的一提提，在使用修补工具 以"内容识别"方式进行修补后，只要不取消选区，即可随意设置"结构"及"颜色"参数，直至得到满意的结果为止。

4.7 习题

1. 选择题

1.下列不属于画笔工具 选项中参数的是：（   ）

A.不透明度   B.平滑   C.流量   D.填充不透明度

2.在使用画笔工具 进行绘图的情况下，可以通过哪一组合键快速控制画笔笔尖的大小？（   ）

A."<"和">"   B."–"和"+"

C."["和"]"   D."Page Up"和"Page Down"

3.在Photoshop中，当选择渐变工具 时，在工具选项栏中提供了五种渐变的方式。下面四种渐变方式里，哪一种不属于渐变工具 中提供的渐变方式？（   ）

A.线性渐变   B.角度渐变   C.径向渐变   D.模糊渐变

4.下列可以对图像进行智能修复处理的"填充"选项是：（   ）

A.历史记录   B.前景色   C.背景色   D.内容识别

5.下列关于"编辑"|"填充"命令地说法中，错误的是：（   ）

A.可以填充纯色

B.可以填充渐变

C.可以填充图案

D.可以通过选择"内容识别"选项，对图像进行智能修复处理

6.使用"画笔设置"面板可以完成的操作有：（　　）

A.选择、删除画笔　　　　　　　　　　B.设置画笔大小、硬度

C.设置画笔动态参数　　　　　　　　　D.创建新画笔

7.在"描边"对话框中，可以设置的属性有：（　　）

A.颜色　　　　　　B.粗细　　　　　　C.线条样式　　　　D.混合模式

8.下列可以用于对图像进行透视变换处理的有：（　　）

A.选择"编辑"｜"变换"｜"自由变换"命令

B.选择"编辑"｜"变换"｜"透视"命令

C.选择"编辑"｜"变换"｜"斜切"命令

D.选择"编辑"｜"变换"｜"旋转"命令

9.下列是以复制图像的方式进行图像修复处理的工作是：（　　）

A.修复画笔工具 　　　　　　　　　　B.修补工具

C.污点修复画笔工具 　　　　　　　　D.仿制图章工具

10.在使用仿制图章工具 时，按住哪个键并单击可以定义源图像？（　　）

A. Alt 键　　　　　　B. Ctrl 键　　　　　　C. Shift 键　　　　　　D. Alt+Shift 键

11.下列关于仿制图章工具 的说法中，正确的是：（　　）

A.选中"对齐"选项时，整个取样区域仅应用一次，反复使用此工具进行操作时，仍可从上次操作结束时的位置开始

B.未选中"对齐"选项时，每次停止操作后再继续绘画时，都将从初始参考点位置开始应用取样区域。

C.选中"当前图层"选项时，则取样和复制操作，都只在当前图层及其下方图层中生效

D.选择忽略调整图层按钮 时，可以在定义源图像时忽略图层中的调整图层。

12.下列关于修复画笔工具 和污点修复画笔工具 的说法中，不正确的是：（　　）

A.修复画笔工具 可以基于选区进行修复

B.修复画笔工具 在使用前需要定义源图像

C.污点修复画笔工具 在使用前需要定义源图像

D.污点修复画笔工具 可以在目标图像上涂抹，以修复不规则的图像

2. 上机操作题

1.打开随书所附的素材"第4章\上机题1-素材.jpg"如图4.107所示，结合画笔的"圆度"参数以及混合模式等设置，绘制得到如图4.108所示的动感线条效果。

图4.107   图4.108

2.打开随书所附的素材"第4章\上机题2–素材.jpg"如图4.109所示,将其定义成为图案。

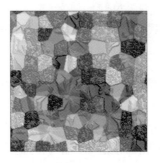

图4.109

3.打开随书所附的素材"第4章\上机题3–素材.jpg"如图4.110所示。执行"色彩范围"命令选中其中的高光区域图像,然后为其填柔光图像,得到如图4.111所示的效果。

图4.110   图4.111

4.打开随书所附的素材"第4章\上机题4–素材.jpg"如图4.112所示。使用"渐变工具"并结合其工具选项栏上的"柔光"混合模式,对天空进行降暗处理,直至得到类似如图4.113所示的效果。

图4.112　　　　　　　　　　　图4.113

5.打开随书所附的素材"第4章\上机题5-素材.jpg"如图4.114所示。结合使用仿制图章工具 和"填充"命令,修除左侧的多余图像,如图4.115所示。

图4.114　　　　　　图4.115

6.打开随书所附的素材"第4章\上机题6-素材.jpg"如图4.116所示。使用修补工具 将左右两侧的人物修除,得到如图4.117所示的效果。

图4.116　　　　　　　　　　图4.117

—— **第5章　掌握调整图像颜色命令** ——

　　本章讲解了 Photoshop 中调整图像色彩的命令及其操作方法，其中包括较为初级的命令如"去色""反相"等，处于中间层次的"亮度/对比度""自然饱和度"等命令，还有难度较高、功能强大的高级调整命令，例如"曲线""色阶""色相/饱和度"等命令。

　　如果读者希望在掌握 Photoshop 后，从事照片的修饰、加工等方面的工作，应该切实深入掌握这些命令的使用方法。

学习重点

　◎ 色彩调整的基本方法。

　◎ 色彩调整的中级方法。

　◎ 色彩调整的高级方法。

5.1　色彩调整的基本方法

5.1.1　"去色"命令

　　选择"图像"|"调整"|"去色"命令，可以去掉彩色图像中的所有颜色值，将其转换为相同颜色模式的灰度图像。

　　如图5.1所示为原图像，如图5.2所示为选择花朵以外的图像并应用此命令去色后得到的效果，可以看出经过此命令的操作，图像的重点更加突出。

图5.1　　　　　　　　　　　　图5.2

5.1.2 "反相"命令

选择"图像"|"调整"|"反相"命令，可以将图像的颜色反相。将正片黑白图像变成负片，或将扫描的黑白负片转换为正片，如图5.3所示。

图5.3

5.2 色彩调整的中级方法

5.2.1 "亮度/对比度"命令

选择"图像"|"调整"|"亮度/对比度"命令，弹出如图5.4所示的对话框，在此命令的对话框中可以直接调节图像的对比度与亮度。

要增加图像的亮度则将"亮度"滑块向右拖动，反之向左拖动。要增加图像的对比度，将"对比度"滑块向右拖动，反之向左拖动。如图5.5所示为原图，如图5.6所示为增加图像的亮度和对比度的效果。

图 5.4

图 5.5   图 5.6

　　利用"使用旧版"选项，可以使用 Photoshop CS3 版本以前的"亮度/对比度"命令来调整图像，而默认情况下，则使用新版的功能进行调整。新版命令在调整图像时，将仅对图像的亮度进行调整，而色彩的对比度则保持不变。

　　另外，单击"自动"按钮后，即可自动针对当前的图像进行亮度及对比度的调整。

5.2.2 "照片滤镜"命令

　　"图像"|"调整"|"照片滤镜"命令用于模拟传统光学滤镜特效，能够使照片呈现暖色调、冷色调及其他颜色的色调，打开一幅需要调整的照片并选择此命令后，弹出如图 5.7 所示的对话框。

　　此对话框的各个参数的作用如下：

　　（1）滤镜：在该下拉菜单中选择预设的选项，对图像进行调节。

　　（2）颜色：单击该色块，并使用"拾色器（照片滤镜颜色）"为自定义颜色滤镜指定颜色。

　　（3）密度：拖动滑块条以便此命令应用于图像中的颜色量。

　　（4）保留明度：在调整颜色的同时保持原图像的亮度。

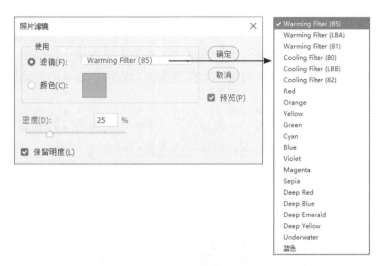

图5.7

如图5.8所示为原图像，如图5.9所示为经过调整后照片的色调偏冷的效果。

图5.8   图5.9

5.2.3 "阴影/高光"命令

"阴影/高光"命令专门用于处理在摄影中由于用光不当使拍摄出的照片局部过亮或过暗的照片。选择"图像"|"调整"|"阴影/高光"命令，弹出如图5.10所示的对话框。

图5.10

此对话框中参数说明如下。

（1）阴影：在此拖动"数量"滑块或在此文本框中输入相应的数值，可改变暗部区域的明亮程度，其中数值越大即滑块的位置越偏向右侧，则调整后的图像的暗部区域也相应越亮。

（2）高光：在此拖动"数量"滑块或在此文本框中输入相应的数值，即可改变高亮区域的明亮程度，其中数值越大即滑块的位置越偏向右侧，则调整后高亮区域也会相应变暗。

如图 5.11 所示为原图像，如图 5.12 所示的为应用"阴影/高光"命令后的效果。

图 5.11   图 5.12

5.2.4 "自然饱和度"命令

"图像" | "调整" | "自然饱和度"命令是用于调整图像饱和度的命令，使用此命令调整图像时可以使图像颜色的饱和度不会溢出，换言之，此命令可以仅调整与已饱和的颜色相比那些不饱和的颜色的饱和度。

选择"图像" | "调整" | "自然饱和度"命令后弹出的对话框，如图 5.13 所示。

图 5.13

（1）拖动"自然饱和度"滑块可以使 Photoshop 调整那些与已饱和的颜色相比那些不饱和的颜色的饱和度，从而获得更加柔和自然的图像饱和度效果。

（2）拖动"饱和度"滑块可以使Photoshop调整图像中所有颜色的饱和度，使所有颜色获得等量饱和度调整，因此使用此滑块可能导致图像的局部颜色过饱和。

使用此命令调整人像照片时，可以防止人像的肤色过度饱和。如图5.14所示的是原图像为例，图5.15所示是使用此命令调整后的效果，图5.16所示则是使用"色相/饱和度"命令提高图像饱和度时的效果，对比可以看出，此命令在调整颜色饱和度方面的优势。

图5.14　　　　　　　图5.15　　　　　　　图5.16

5.3 色彩调整的高级命令

5.3.1 "色彩平衡"命令

选择"图像"｜"调整"｜"色彩平衡"命令，可以增加或减少处于高亮度色、中间色以及暗部色区域中的特定颜色，以改变图像对象的整体色调，此对话框如图5.17所示。

此命令使用较为简单，操作步骤如下。

（1）打开随书所附的素材"第5章\5.3.1-素材.jpg"，选择"图像"｜"调整"｜"色彩平衡"命令。

（2）在"色彩平衡"控制区中选择需要调整的图像色调区，例如要调整图像的暗部，则应选中"阴影"前的复选框。

（3）拖动3个滑块条上的滑块，例如要为图像增加红色，向右拖动"红色"滑块，拖动的同时要观察图像的调整效果。

（4）得到满意效果后单击"确定"按钮即可。

如图5.18所示为应用"色彩平衡"命令为色彩平淡的照片着色的前后效果对比。

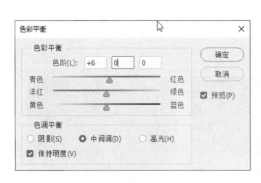 

图5.17   图5.18

> **提示**：选择保持亮度该选项可以保持图像对象的色调不变，即只有颜色值发生变化，图像像素的亮度值不变。

5.3.2 "色相/饱和度"命令

"色相/饱和度"命令可以依据不同的颜色分类进行调色处理，常用于改变照片中某部分图像颜色（如将绿叶调整为红叶、替换衣服颜色等）及其饱和度、明度等属性。另外，此命令还可以直接为照片进行统一的着色操作，从而制作得到单色照片效果。

按Ctrl+U键或选择"图像"｜"调整"｜"色相/饱和度"命令即可调出其对话框，如图5.19所示。

图5.19

在对话框顶部的下拉菜单中选择"全图"选项，可以同时调整图像中的所有颜色，或者选择某一颜色成分（如"红色"等）单独进行调整。

另外，也可以使用位于"色相/饱和度"对话框底部的吸管工具 ，在图像中吸取颜色并修改颜色范围。使用添加到取样工具 可以扩大颜色范围；使用从取样中减去工具 可以缩小颜色范围。

> **提示：** 可以在使用吸管工具 时按住Shift键扩大颜色范围，按住Alt 键缩小颜色范围。

"色相/饱和度"对话框中各参数释义如下。

（1）色相：可以调整图像的色调，无论是向左还是向右拖动滑块，都可以得到新的色相。

（2）饱和度：可以调整图像的饱和度。向右拖动滑块可以增加饱和度，向左拖动滑块可以降低饱和度。

（3）明度：可以调整图像的亮度。向右拖动滑块可以增加亮度，向左拖动滑块可以降低亮度。

（4）颜色条：在对话框的底部显示有两个颜色条，代表颜色在色轮中的次序及选择范围。上面的颜色条显示调整前的颜色，下面的颜色条显示调整后的颜色。

（5）着色：选中此选项时，可将当前图像转换为某种色调的单色调图像。图5.20所示是将照片处理为单色前后的效果对比。

图5.20

下面通过一个简单的实例，讲解使用"色相/饱和度"命令将照片中的绿叶调整为红叶的方法，其操作步骤如下：

（1）打开随书所附的素材"第5章\5.3.2-2-素材.jpg"，如图5.21所示。

（2）按Ctrl+U键应用"色相/饱和度"命令，在弹出对话框的"全图"下拉列表中选择要调整的颜色。首先，我们来调整一下照片中的草地照片，因此需要在其中选择"绿色"选项，并在下面调整参数，如图5.22所示，从而将绿色树木调整为橙色，如图5.23所示。

图 5.21   图 5.22   图 5.23

（3）保持在"色相/饱和度1"的调整图层中，在"全图"下拉菜单中选择"黄色"选项，并拖动"色相"及"饱和度"滑块，如图5.24所示，使其颜色变得更鲜艳，如图5.25所示。

图 5.24   图 5.25

（4）调整完毕后，单击"确定"按钮退出对话框即可。

5.3.3 "可选颜色"命令

相对于其他调整命令，"可选颜色"命令的原理较为难以理解。具体来说，它是通过为一种选定的颜色，来增减青色、洋红、黄色及黑色，从而实现改变该色彩的目的，在掌握了此命令的用法后，可以实现极为丰富的调整，因此常用于制作各种特殊色调的照片效果。

选择"图像"｜"调整"｜"可选颜色"命令即可调出其对话框。

下面以图5.26所示的RGB三原图示意图为例，讲解此命令的工作原理。

图5.27所示是在"颜色"下拉列表中选择"红色"选项，表示对该颜色进行调整，并在选中"绝对"选项时，向右侧拖动"青色"滑块至100%。

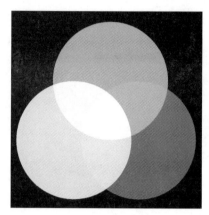
图5.26

图5.27

由于红色与青色是互补色，当增加了青色时，红色就相应的变少，当增加青色至100%时，红色完全消失变为黑色，如图5.28所示。

虽然在使用时没有其他调整命令那么直观，但熟练掌握之后，就可以实现非常多样化的调整。图5.29所示是使用此命令进行色彩调整前后的效果对比。

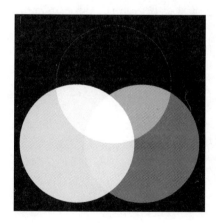
图5.28

图5.29

5.3.4 "黑白"命令

"黑白"命令可以将图像处理成为灰度图像效果，也可以选择一种颜色，将图像处理成为单一色彩的图像。

选择"图像"|"调整"|"黑白"命令，即可调出如图5.30所示的对话框。

图5.30

"黑白"对话框中各参数的说明如下。

（1）预设：在此下拉列表中，可以选择Photoshop自带的多种图像处理方案，从而将图像处理成为不同程度的灰度效果。

（2）颜色设置：在对话框中间的位置，存在着6个滑块，分别拖动各个滑块，即可对原图像中对应色彩的图像进行灰度处理。

（3）色调：选择该选项后，对话框底部的2个色条及右侧的色块将被激活，如图5.31所示。其中2个色条分别代表了"色相"与"饱和度"，在其中调整出一个要叠加到图像上的颜色，即可轻松地完成对图像的着色操作。另外，我们也可以直接单击右侧的颜色块，在弹出的"拾色器（色调颜色）"对话框中选择一个需要的颜色即可。

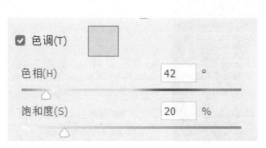

图5.31

下面将通过实例来进一步了解"黑白"命令，操作步骤如下。

（1）打开随书所附的素材"第5章\5.3.4–素材.jpg"，如图5.32所示。

（2）选择"图像"|"调整"|"黑白"命令，弹出如图5.33所示的对话框。

图5.32   图5.33

（3）使用鼠标拖动各滑块来调整画面的层次，图5.34所示为对话框设置，图5.35所示为调整的效果。

图5.34   图5.35

（4）单击"色调"复选框以激活"色调"选项，再设置"色相"与"饱和度"如图5.36所示，得到如图5.37所示的效果，单击"确定"按钮完成调整。

图5.36   图5.37

5.3.5 "色阶"命令

"色阶"命令是图像调整过程中使用最为频繁的命令之一，它可以改变图像的明暗度、中间色和对比度，在调色时，常使用此命令中的设置灰场工具 ✐ 执行校正偏色处理，此外，在"通道"下拉列表中选择不同的通道，也可以对照片的色彩进行处理。下面来讲解其各项用法。

1. 调整图像亮度

此命令的用法如下：

（1）打开随书所附的素材"第5章\5.3.5-1-素材.jpg"，如图5.38所示。

图 5.38

（2）按Ctrl+L键或选择"图像"|"调整"|"色阶"命令，弹出如图5.39所示的对话框。

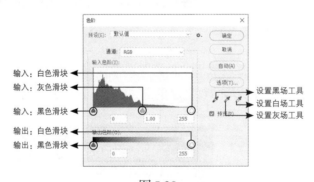

图 5.39

在"色阶"对话框中，拖动"输入色阶"直方图下面的滑块或在对应文本框中输入值，以改变图像的高光、中间调或暗调，从而增加图像的对比度。

1）向左拖动"输入色阶"中的白色滑块或灰色滑块，可以使图像变亮。

2）向右拖动"输入色阶"中的黑色滑块或灰色滑块，可以使图像变暗。

3）向左拖动"输出色阶"中的白色滑块，可降低图像亮部对比度，从而使图像变暗。

　　4）向右拖动"输出色阶"中的黑色滑块，可降低图像暗部对比度，从而使图像变亮。

　　（3）使用对话框中的各个吸管工具在图像中单击取样，可以通过重新设置图像的黑场、白场或灰点调整图像的明暗。

　　1）使用设置黑场工具 🖋 在图像中单击，可以使图像基于单击处的色值变暗。

　　2）使用设置白场工具 🖋 在图像中单击，可以使图像基于单击处的色值变亮。

　　3）使用设置灰场工具 🖋 在图像中单击，可以在图像中减去单击处的色调，以减弱图像的偏色。

　　（4）在此下拉列表中选择要调整的通道名称。如果当前图像是RGB颜色模式，"通道"下拉列表中包括RGB、红、绿和蓝4个选项；如果当前图像是CMYK颜色模式，"通道"下拉列表中包括CMYK、青色、洋红、黄色和黑色5个选项。在本实例中将对通道RGB进行调整。

> 提示：为保证图像在印刷时的准确性，需要定义一下黑、白场的详细数值。

　　（5）首先来定义白场。双击"色阶"对话框中的设置白场工具 🖋 ，在弹出的"拾色器（目标高光颜色）"对话框中设置数值为（R：244，G：244，B：244）。单击"确定"按钮关闭对话框，此时我们再定义白场时，则以该颜色作为图像中的最亮色。

　　（6）下面来定义黑场。双击"色阶"对话框中的设置黑场工具 🖋 ，在弹出的"拾色器（目标阴影颜色）"对话框中设置数值为（R：10，G：10，B：10）。单击"确定"按钮关闭对话框，此时我们再定义黑场时，则以该颜色作为图像中的最暗色。

　　（7）使用设置白场工具 🖋 在白色裙子类似如图5.40所示的位置单击，使裙子图像恢复为原来的白色，单击"确定"按钮关闭对话框。

　　（8）使用设置黑场工具 🖋 在右侧阴影类似如图5.41所示的位置单击，加强图像的对比度，单击"确定"按钮关闭对话框。

图5.40　　　　　　　图5.41

（9）至此，我们已经将图像的颜色恢复为正常，但为了保证印刷的品质，还需要使用吸管工具 ✐配合"信息"面板，查看图像中是否存在纯黑或纯白的图像，然后按照上面的方法继续使用"色阶"命令对其进行调整。

2. 调整照片的灰场以校正偏色

在使用素材照片的过程中，不可避免地会遇到一些偏色的照片，而使用"色阶"对话框中的设置灰场工具 ✐可以轻松地解决这个问题了。设置灰场工具 ✐纠正偏色操作的方法很简单，只需要使用吸管单击照片中某种颜色，即可在照片中消除或减弱此种颜色，从而纠正照片中的偏色状态。

图 5.42 所示为原照片。图 5.43 所示为使用设置灰场工具 ✐在照片中单击后的效果，可以看出由于去除了部分蓝像素，照片中的人像面部呈现出红润的颜色。

图 5.42   图 5.43

> **注意**：使用设置灰场工具 ✐单击的位置不同，得到的效果也不会相同，因此需要特别注意。

5.3.6 "曲线"命令

"曲线"命令是 Photoshop 中调整照片最为精确的一个命令，在调整照片时可以通过在对话框中的调节线上添加控制点并调整其位置，对照片进行精确的调整。使用此命令除了可以精确地调整照片亮度与对比度外，还常常会通过在"通道"下拉列表中选择不同的通道选项，以进行色彩调整。

1. 使用调节线调整图像

使用命令调整图像的操作步骤如下：

（1）打开随书所附的素材"第 5 章\5.3.6-1- 素材 .jpg"，如图 5.44 所示。

（2）按 Ctrl+M 键或选择"图像"｜"调整"｜"曲线"命令，弹出如图 5.45 所示的"曲线"对话框。

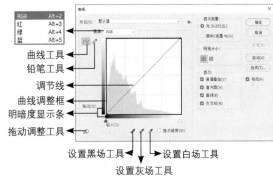

图 5.44　　　　　　　　　　　　　　图 5.45

"曲线"对话框中的参数解释如下：

1）预设：除了可以手动编辑曲线来调整图像外，还可以直接在"预设"下拉列表中选择一个 Photoshop 自带的调整选项。

2）通道：与"色阶"命令相同，在不同的颜色模式下，该下拉列表将显示不同的选项。

3）曲线调整框：该区域用于显示当前对曲线所进行的修改，按住 Alt 键在该区域中单击，可以增加网格的显示数量，从而便于对图像进行精确的调整。

4）明暗度显示条：即曲线调整框左侧和底部的渐变条。横向的显示条为图像在调整前的明暗度状态，纵向的显示条为图像在调整后的明暗度状态。如图 5.46 所示为分别向上和向下拖动节点时，该点图像在调整前后的对应关系。

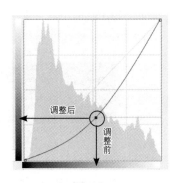

图 5.46

5）调节线：在该直线上可以添加最多不超过 14 个节点，当鼠标置于节点上并变为十字状态时，就可以拖动该节点对图像进行调整。要删除节点，可以选中并将节点拖至对话框外部，或在选中节点的情况下，按"Delete"键即可。

6）曲线工具 ∿：使用该工具可以在调节线上添加控制点，将以曲线方式调整调节线。

7）铅笔工具![铅笔]：使用"曲线"对话框中的铅笔工具![铅笔]可以使用手绘方式在曲线调整框中绘制曲线。

8）平滑：当使用"曲线"对话框中的铅笔工具![铅笔]绘制曲线时，该按钮才会被激活，单击该按钮可以让所绘制的曲线变得更加平滑。

（3）在"通道"下拉列表中选择要调整的通道名称。默认情况下，未调整前图像"输入"与"输出"值相同，因此在"曲线"对话框中表现为一条直线。

（4）在直线上单击增加一个变换控制点，向上拖动此节点，如图5.47所示，即可调整图像对应色调的明暗度，如图5.48所示。

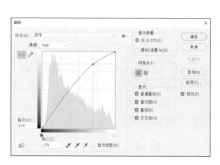
图 5.47

图 5.48

（5）如果需要调整多个区域，可以在直线上单击多次，以添加多个变换控制点。对于不需要的变换控制点，可以按住 Ctrl 键单击此点将其删除。如图5.49所示为添加另一个控制点并拖动时的状态，图5.50所示是调整后得到的图像效果。

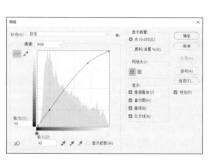
图 5.49

图 5.50

（6）设置好对话框中的参数后，单击"确定"按钮，即可完成图像的调整操作。

在"曲线"对话框中使用拖动调整工具![拖动调整]，可以在图像中通过拖动的方式快速调

整图像的色彩及亮度。如图5.51所示是选择拖动调整工具 🖑 后，在要调整的图像位置
摆放鼠标时的状态。如图5.52所示，由于当前摆放鼠标的位置显得曝光不足，所以将
向上拖动鼠标以提亮图像，此时的"曲线"对话框如图5.53所示。

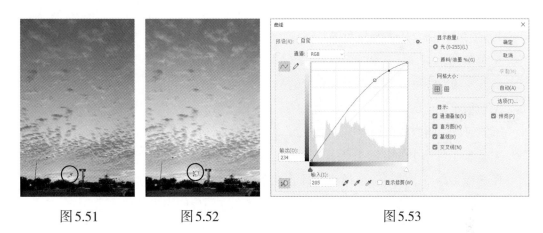

图5.51　　　　　　图5.52　　　　　　　　　　　图5.53

在上面处理的图像的基础上，再将光标置于阴影区域要调整的位置，如图5.54所
示。按照前面所述的方法，此时将向下拖动鼠标以调整阴影区域，如图5.55所示。此
时的"曲线"对话框如图5.56所示。

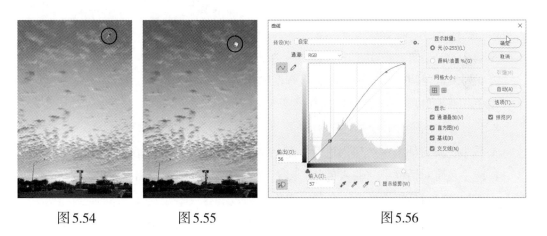

图5.54　　　　　　图5.55　　　　　　　　　　　图5.56

通过上面的实例可以看出，拖动调整工具 🖑 只不过是在操作的方法上有所不同，
而在调整的原理上是没有任何变化的。利用了S形曲线增加图像的对比度，而这种形
态的曲线也完全可以在"曲线"对话框中通过编辑曲线的方式创建得到，所以读者在
实际运用过程中，可以根据自己的需要，选择使用某种方式来调整图像。

5.4 习题

1. 选择题

1.下列哪个命令用来调整色偏：（   ）

A.色调均化　　　　　B.阈值　　　　　　　C.色彩平衡　　　　　D.亮度/对比度

2.下列功能中可以调整图象的亮度的是：（   ）

A.色阶　　　　　　　B.自动色阶　　　　　C.曲线　　　　　　　D.色调分离

3.如何设定图像的白场？（   ）

A.选择工具箱中的吸管工具 🖊 在图像的高光处单击

B.选择工具箱中的颜色取样器工具 🖊 在图像的高光处单击

C.在"色阶"对话框中选择设置白场工具 🖊 并在图像的高光处单击

D.在"色彩范围"对话框中选择设置白场工具 🖊 并在图像的高光处单击

4."色阶"命令的快捷键是：（   ）

A. Ctrl+U　　　　　B. Ctrl+L　　　　　C. Ctrl+M　　　　　D. Ctrl+B

5."色相/饱和度"命令的快捷键是：（   ）

A. Ctrl+U　　　　　B. Ctrl+L　　　　　C. Ctrl+M　　　　　D. Ctrl+B

6."色彩平衡"命令的快捷键是：（   ）

A. Ctrl+U　　　　　B. Ctrl+L　　　　　C. Ctrl+M　　　　　D. Ctrl+B

7.下列最适合调整风景照片色彩饱和度的是（   ）。

A.色相/饱和度　　　B.自然饱和度　　　　C.色彩平衡　　　　　D.亮度/对比度

8.下面对"色阶"命令描述正确的是：（   ）

A.减小色阶对话框中"输入色阶"最右侧的数值导致图像变亮

B.减小色阶对话框中"输入色阶"最右侧的数值导致图像变暗

C.增加色阶对话框中"输入色阶"最左侧的数值导致图像变亮

D.增加色阶对话框中"输入色阶"最左侧的数值导致图像变暗

9.下列可以完全去除照片色彩的命令是：（   ）

A.去色　　　　　　　B.色相/饱和度　　　C.亮度/对比度　　　D.黑白

10.下列可以调整图像亮度与对比度的有：（   ）

A.色阶　　　　　　　B.曲线　　　　　　　C.亮度/对比度　　　D.反相

2. 上机操作题

1.打开随书所附的素材"第5章\上机题1–素材.jpg"，如图5.57所示，结合"阴影/高光""曲线"及"亮度/对比度"命令，调整照片的曝光，得到类似如图5.58所示的效果。

图5.57　　　　　　　　　　　图5.58

2.打开随书所附的素材"第5章\上机题2-素材.jpg"，如图5.59所示，执行"色相/饱和度"命令将人物的帽子调整为紫色，如图5.60所示。

图5.59　　　　　　　　图5.60

3.打开随书所附的素材"第5章\上机题3-素材.jpg"，如图5.61所示。执行"色彩平衡"命令，将照片调整为图5.62所示的非主流黄绿色调效果。

图5.61　　　　　　　　　　　图5.62

4.打开随书所附的素材"第5章\上机题4-素材.jpg",如图5.63所示,以"黑白"命令为主,将照片调整成为高对比度的黑白照片效果,如图5.64所示。

图5.63   图5.64

第6章　掌握路径和形状的绘制

路径与形状在Photoshop中同属于矢量型对象，本章对这两种矢量型对象进行了深入与全面的讲解，不仅介绍了如何使用各种工具绘制路径与形状，而且还讲解了变换、修改这两种矢量对象的操作方法，除此之外，"路径"面板也是本章讲解的比较重要的知识。

学习重点

◎ 绘制路径。

◎ 选择及变换路径。

◎ "路径"面板。

◎ 路径运算。

◎ 绘制几何形状。

◎ 为形状设置填充与描边。

路径是Photoshop的重要辅助工具，不仅可以用于绘制图形，更为重要的是能够转换成为选区，从而使我们又增加了一种制作选区的方法。

一条路径由路径线、节点、控制句柄3个部分组成，节点用于连接路径线，节点上的控制句柄用于控制路径线的形状，如图6.1所示为一条典型的路径，图中使用小圆标注的是节点，而使用小方块标注的是控制句柄，节点与节点之间则是路径线。

在Photoshop中有两种绘制路径的工具，即钢笔工具 ⬚. 和形状工具 ⬚.，使用钢笔工具 ⬚.可以绘制出任意形状的路径，使用形状工具 ⬚.可以绘制出具有规则外形的路径。

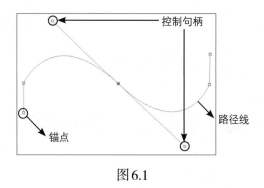

图6.1

通过本章的学习，读者将能够掌握绘制路径、几何图形及编辑路径的方法，并熟悉路径运算及与"路径"面板有关的各项操作。

6.1 绘制路径

6.1.1 设置路径的显示选项

在PHotoshop CC 2024中，用户可以自定义路径的显示选项，以便于更方便、直观的绘制路径。

在任意一个路径绘制工具的工具选项栏上，用户可以单击设置按钮，在弹出的面板中设置路径的显示属性，如图6.2所示。

图6.2

其中"粗细"参数可设置路径显示的粗细，在"颜色"下拉列表中可选择路径的颜色。对习惯使用旧版路径显示效果的，将路径的颜色设置为"黑色"即可。

6.1.2 钢笔工具

默认情况下，工具选项栏中的钢笔工具处于选中状态，单击工具选项栏上的设置按钮，将弹出如图6.3所示的面板。

选中的"橡皮带"复选框，绘制路径时可以依据节点与钢笔光标间的线段，标识出下一段路径线的走向如图6.4（a）所示，否则没有任何标识，如图6.4（b）所示。

图6.3

（a）选中"橡皮带"选项　　　　　　　　　（b）未选中"橡皮带"选项

图6.4

利用钢笔工具 ⌀.绘制路径时，单击可得到直线型点，按此方法不断单击可以创建一条完全由直线型节点构成的直线型路径，如图6.5所示，为直线型路径填充实色并描边后的效果如图6.6所示。

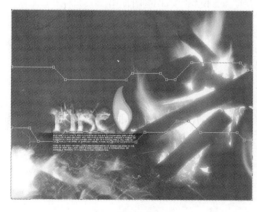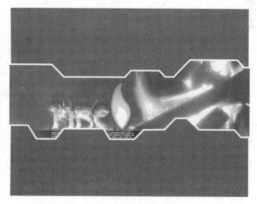

图6.5　　　　　　　　　　　　　图6.6

如果在单击节点后拖动鼠标，则在节点的两侧会出现控制句柄，该节点也将变为圆滑型节点，按此方法可以创建曲线型路径。图6.7所示为曲线型路径填充前景色后的效果，为此路径填充实色后的效果如图6.8所示。

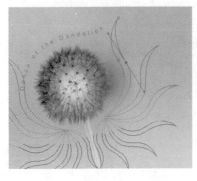 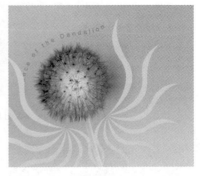

图6.7   图6.8

在绘制路径结束时如要创建开放路径，在工具箱中切换为直接选择工具 ，然后在工作页面上单击一下，放弃对路径的选择。

如果要创建闭合路径，将光标放在起点上，当钢笔光标下面显示一个小圆时单击，即可绘制闭合路径。

6.1.3 弯度钢笔工具

弯度钢笔工具 它可以像钢笔工具 一样用于绘制各种曲线路径，其特点在于，可以更方便地编辑曲线路径。

弯度钢笔工具 在添加锚点、删除锚点等基础操作上，与钢笔工具 基本相同，故不再详细说明，下面针对弯度钢笔工具 的一些特殊操作做讲解说明。

1. 绘制直线路径

使用弯度钢笔工具 绘制直线路径时，除第一个锚点外，需要执行双击操作，才可以绘制直线路径。

2. 绘制曲线路径

在使用弯度钢笔工具 绘制曲线时，至少要单击3次以在不同的位置创建3个锚点，才能形成一条曲线，如图6.9所示。

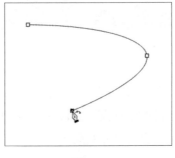

图6.9

若在创建第3个锚点时按住鼠标左键拖动，可以改变曲线的形态，如图6.10所示。

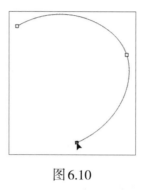

图6.10

在继续添加第4个或更多锚点时，将根据最近的3个锚点确定路径的弧度，如图6.11所示。

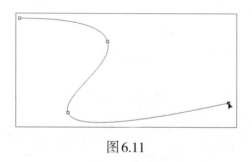

图6.11

3. 编辑锚点

对已存在的锚点，可以在使用弯度钢笔工具 ✐ 时，将光标置于锚点上并按住鼠标左键拖动，即可改变曲线的形态，如图6.12所示。

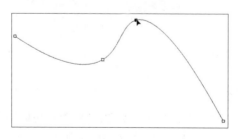

图6.12

若要将当前的曲线锚点转换为尖角锚点，可以使用弯度钢笔工具 ✐ 在锚点上双击，图6.13所示是转换中间两个锚点后的效果。

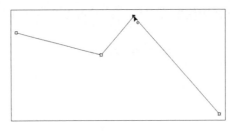

图 6.13

6.1.4　添加锚点工具

添加锚点工具 用于在已创建的路径上添加节点，在路径被激活的状态下，选择添加锚点工具 ，直接单击要增加节点的位置，即可增加一个节点。

6.1.5　删除锚点工具

将删除锚点工具 移动到欲删除的节点上，单击要删除的节点即可将其删除。如图 6.14 所示为原路径，如图 6.15 所示为删除节点后的路径。

图 6.14

图 6.15

6.1.6　转换点工具

对节点进行编辑时，经常需要将一个两侧没有控制句柄的直线型节点（见图 6.16）转换为两侧具有控制句柄的圆滑型节点，如图 6.17 所示，或将圆滑型节点转换为直线型节点，要完成此类操作可选用转换点工具 。

应用此工具在直线型节点上单击并拖动，可以将该节点转换为圆滑型节点，反之如果运用此工具单击圆滑型节点，则可以将此节点转换成为直线型节点。

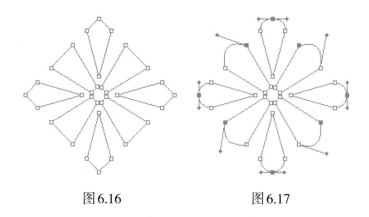

图6.16　　　　　　　　　图6.17

　　如图6.18所示为转换前由直线型节点构成的路径，如图6.19所示为使用此工具对这些节点进行操作得到的路径。

图6.18　　　　　　　　　图6.19

6.1.7　自由钢笔工具

使用自由钢笔工具　绘制路径的方法如下：

（1）在工具箱中选择自由钢笔工具　，直接在页面中拖动创建所需要的路径形状。

（2）要得到闭合路径时，将光标放在起点上，当光标下面显示一个小圆时单击即可。也可以在页面中双击鼠标以闭合路径。

（3）要得到开放的路径时，按键盘中的回车键即可结束路径绘制。

（4）单击工具选项栏上的花形图标　，弹出如图6.20所示的面板，其中可以设置自由钢笔工具　的参数。

1）曲线拟合：此参数控制绘制路径时对鼠标移动的敏感性，输入的数值越高，所创建的路径的节点越少，路径也越光滑。

2）磁性的：选中此复选框，可以激活磁性钢笔工具 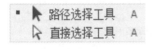，此时面板中的"磁性的"选项将自动处于激活状态，如图 6.21 所示，在此可以设置磁性钢笔的相关参数。

图 6.20　　　　　图 6.21

3）宽度：在此可以输入一个 1～256 间的像素值，以定义磁性钢笔探测的距离，此数值越大磁性钢笔探测的距离越大。

4）对比：在此可以输入一个 0～100 间的百分比，以定义边缘像素间的对比度。

5）频率：在此可以输入一个 0～100 间的值，以定义当钢笔在绘制路径时设置节点的密度，此数值越大，得到路径上的节点数量越多。

6.2　选择及编辑路径

6.2.1　选择路径

在对已绘制完成的路径进行编辑操作，往往需要选择路径中的节点或整条路径。执行选择操作，需使用工具箱中的如图 6.22 所示的选择工具组。

图 6.22

要选择路径中的节点，需要使用工具箱中的直接选择工具，在节点处于被选定的状态下，节点呈黑色小正方形，未选中的节点呈空心小正方形，如图 6.23 所示。

如果在编辑过程中需要选择整条路径，可以使用选择工具组中的路径选择工具，在整条路径被选中的情况下，路径上的节点全部显示为黑色小正方形如图 6.24 所示。

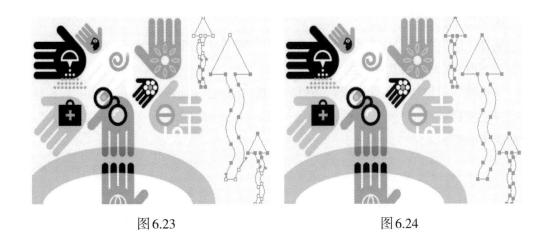

图6.23   图6.24

提示：如果当前使用的工具是直接选择工具 ▶.，无需切换至路径选择工具 ▶.，只需按Alt单击路径，即可将整条路径选中。

6.2.2 移动节点或路径

要改变路径的形状，可以使用直接选择工具 ▶.单击节点，当选中的节点变为黑色小正方形后，即可移动节点。与移动节点相同，移动路径中的线段同样需要使用直接选择工具 ▶.。使用此工具单击要移动的线段并进行拖动，即可移动路径中的线段。

如图6.25所示为原图路径，如图6.26所示为向上移动路径节点后的效果。

图6.25   图6.26

提示：使用路径选择工具 ▶.或直接选择工具 ▶.还可以进行路径复制操作。如果当前使用的是直接选择工具 ▶.或路径选择工具 ▶.，按住Alt键单击并拖动路径可复制路径。如果当前使用的是钢笔工具 ✎.，按住Alt+Ctrl组合键并拖动路径可复制路径。

6.2.3 变换路径

选择"编辑"|"自由变换路径"命令或"编辑"|"变换路径"子菜单下的命令，可以对当前所选的路径进行变换。

变换路径操作和变换选区操作一样，包括"缩放""旋转""自由扭曲"等操作。在选择变换命令后，工具选项栏如图6.27所示，在此可以重新定义其中的数值以精确改变路径的形状。

图6.27

如果需要对路径中的部分节点进行变换操作，需要用直接选择工具选中需要变换的节点，然后再选择"编辑"|"自由变换路径"命令或"编辑"|"变换路径"子菜单下的命令。

如图6.28所示为原路径，如图6.29所示为对路径进行缩放操作得到的错落有致的效果，如图6.30所示为路径分别填充颜色后的效果。

图6.28

图6.29

图6.30

> **提示：** 如果按Alt键选择"编辑"|"变换路径"子菜单下的命令，可以复制当前操作路径，并对复制路径进行变换操作。

6.3 "路径"面板

要管理使用各种方法所绘制的路径，必须掌握"路径"面板。使用此面板，可以完成复制、删除、新建路径等操作。执行"窗口"|"路径"命令，即可显示出如图6.31所示的"路径"面板。

图6.31

"路径"面板中各按钮释义如下。

（1）"用前景色填充路径"按钮 ●：单击该按钮，可以对当前选中的路径填充前景色。

（2）"用画笔描边路径"按钮 ○：单击该按钮，可以对当前选中的路径进行描边操作。

（3）"将路径作为选区载入"按钮 ⬚：单击该按钮，可以将当前路径转换为选区。

（4）"从选区生成工作路径"按钮 ◇：单击该按钮，可以将当前选区转换为工作路径。

（5）"添加矢量蒙版"按钮 ▣：单击该按钮，可以为当前路径添加矢量蒙版。

（6）"创建新路径"按钮 ⊞：单击该按钮，可以新建路径。

（7）"删除当前路径"按钮 🗑：单击该按钮，可以删除当前选中的路径。

6.3.1 选择或取消路径

要选择路径，在"路径"面板中单击该路径的名字即可将其选中。

在通常状态下，绘制的路径以黑色线显示于当前图像中，这种显示状态将影响用户所做的其他大多数操作。

单击"路径"面板上的灰色区域，如图6.32所示中箭头所指的区域，可以取消所有路径的选定状态，即隐藏路径线。也可以在使用直接选择工具 ▸ 或路径选择工具 ▶ 的情况下，按Esc键或Enter键隐藏当前显示的路径。

图6.32

6.3.2 创建新路径

在"路径"面板中单击"创建新路径"按钮 🔲，能够创建一条用于保存路径组件的空路径，其名称由 Photoshop 系统默认为"路径 1"。此时再绘制的路径组件都会被保存在"路径 1"中，直至放弃对"路径 1"的选中状态。

为了区分新建路径时得到的路径与使用钢笔工具 🖊 所绘制的路径，这里将在"路径"面板中通过单击"创建新路径"按钮 🔲 所创建的路径称为"路径"，而将使用钢笔工具 🖊 等工具所绘制的路径称为"路径组件"。"路径"面板中的一条路径能够保存多个路径组件。在此面板中单击选中某一路径时将同时选中此路径所包含的多个路径组件，通过单击也可以仅选择某一个路径组件。

6.3.3 保存"工作路径"

在绘制新路径时，Photoshop 会自动创建一条"工作路径"，而该路径一定要在保存后才可以永久地保留下来。

要保存工作路径，可以双击该路径的名称，在弹出的对话框中单击"确定"按钮即可。

6.3.4 复制路径

要复制路径，可以将"路径"面板中要复制的路径拖动至"创建新路径"按钮 🔲 上，这与复制图层的方法是相同的。如果要将路径复制到另一个图像文件中，选中路径并在另一个图像文件可见的情况下，直接将路径拖动到另一个图像文件中即可。

如果要在同一图像文件内复制路径组件，可以使用路径选择工具 ▶ 选中路径组件，然后按 Alt 键拖动被选中的路径组件即可。用户还可以像复制图层一样，在"路径"面板按住 Alt 键拖动路径层，以实现复制路径层的操作。

6.3.5 删除路径

不需要的路径可以将其删除。利用路径选择工具 ▶ 选择要删除的路径，然后按

Delete 键。

如果需要删除某路径中所包含的所有路径组件，可以将该路径拖动到"删除当前路径"按钮 🗑 上，；也可以在该路径被选中的状态下，单击"路径"面板中的"删除当前路径"按钮 🗑，在弹出的信息提示对话框中单击"是"按钮。

6.3.6　描边路径

通过描边路径操作，可以为路径增加外轮廓边缘效果。如图6.33所示为原路径及在工具箱中选择画笔工具 ✐ 后对路径进行描边操作后的效果。

图6.33

要为路径描边可以按下面的步骤进行操作。

（1）按住 Alt 键单击用画笔描边路径按钮 ○，或选择"路径"面板弹出菜单中的"描边路径"命令。

（2）在弹出的如图6.34所示的对话框的"工具"下拉列表中选择一种描边工具，如图6.35所示。

图6.34　　　　　　图6.35

　　提示：要进行描边操作不必非选择一种绘图工具，也可以选择橡皮擦工具 、模糊工具 或涂抹工具 等。

　　（3）将工具箱中的前景色设置为需要的颜色。

　　（4）单击"路径"面板下面的"用画笔描边路径"按钮 即可。

6.3.7　通过描边路径绘制头发丝

　　女性的缕缕飘长发丝在绘画中较难表现，下面我们通过为路径描边来表现飘逸的*丝丝秀发*，具体操作步骤如下：

　　（1）打开随书所附的素材"第6章\6.3.7–素材1.jpg"。

　　（2）在工具箱中选择钢笔工具 ，绘制如图6.36所示的路径。

　　（3）使用路径选择工具 将绘制的路径选中，按Ctrl+T键调出路径自由变换框，按键盘中的向下光标键5次，将路径向下移动5个单位，按回车键确认变换操作。

　　（4）按Ctrl+Alt+Shift+T键10次，复制出10条路径，如图6.37所示。

图6.36　　　　　　　　　　　　　图6.37

　　（5）新建一个图层得到"图层1"，设置前景色为#B4963B，选择画笔工具 ，在工具选项栏中选择圆形画笔，设置画笔大小为1，硬度为100%。

　　（6）切换至"路径"面板中，单击面板按钮 ，在弹出的菜单中选择"描边路径"命令，在弹出的"描边路径"对话框中选择描边的工具为"画笔"，隐藏路径后得到如图6.38所示的效果。

图6.38

（7）按照步骤2～6的方法绘制第2组路径并描边路径，得到如图6.39所示的效果。

（8）按照步骤2～6的方法绘制第3组路径并描边路径，得到如图6.40所示的效果。

図6.39　　　　　　　　　　図6.40

（9）按照步骤2～6的方法绘制第4组路径并描边路径，得到如图6.41所示的效果。

（10）按照步骤2～6的方法绘制第5组路径并描边路径，得到如图6.42所示的效果。

图6.41　　　　　　　　　　图6.42

（11）在"图层"面板中单击添加图层蒙版按钮 ⬚ ，设置前景色为黑色。

（12）选择画笔工具 ✐ ，在工具选项栏中选择圆形画笔，设置画笔大小为30，硬度为0%，不透明度为20%，在图层蒙版中绘制，将头发始端和尾端的多余部分隐藏，得到如图6.43所示的效果。此时的"图层"面板状态如图6.44所示。

图6.43　　　　　　　　　　图6.44

6.3.8 删除路径

删除路径项的主要目的是删除路径项中的所有路径，在该路径项被选中的情况下，直接单击"路径"面板底部的删除当前路径按钮 🗑，在弹出的对话框中单击"是"按钮，即可以将路径项删除。

> 提示：如果不希望在删除路径项时弹出对话框，可以在按住 Alt 键的同时单击"删除当前路径"按钮 🗑。

6.3.9 将选区转换为路径

在当前页面中存在选区的状态下，单击"路径"面板中的从选区生成工作路径按钮 ◇，可将选区转换为相同形状的路径。如图 6.45 所示为原选区，如图 6.46 所示为转换后的路径。

图 6.45   图 6.46

通过这项操作，可以利用选区得到难以绘制的选区。

6.3.10 将路径转换为选区

在"路径"面板中单击要转换为选区的路径栏，然后单击"路径"面板下面的将路径作为选区载入按钮 ○（也可以按住 Ctrl 键单击"路径"面板中的路径），即可将当前路径转换为选择区域。如图 6.47 所示为原路径，如图 6.48 所示为转换后的选区。

将路径转换成为选区是路径操作类别中最为频繁的一类操作，许多形状要求精确而又无法使用其他方法得到的选区，都需要先绘制出路径，再通过将路径转换成为选区的操作得到。

图6.47   图6.48

6.4 路径运算

在绘制路径的过程中，除了需要掌握绘制各类路径的方法外，还应该了解如何在工具选项栏上选择命令选项，如图6.49所示，以在路径间进行运算。

图6.49

合并形状选项◻：选择该选项可向现有路径中添加新路径所定义的区域。

减去顶层形状选项◻：选择该选项可从现有路径中删除新路径与原路径的重叠区域。

与形状区域相交选项◻：选择该选项后生成的新区域被定义为新路径与现有路径交叉的区域。

排除重叠形状选项◻：选择该选项定义生成新路径和现有路径的非重叠区域。

合并形状组件◻：使两条或两条以上的路径进行排除运算，使路径的锚点及路径线发生变化，以路径间的运算模式定义新的路径。

（1）打开随书所附的素材"第6章\6.4-素材.psd"，选择"路径"面板，单击"路径1"以在页面上显示路径，然后使用路径选择工具▶，选择中间的圆并选择◻选项后，绘制的路径及在"路径"面板上的显示如图6.50（a）所示，转换为选择区域后如图6.50（b）所示。

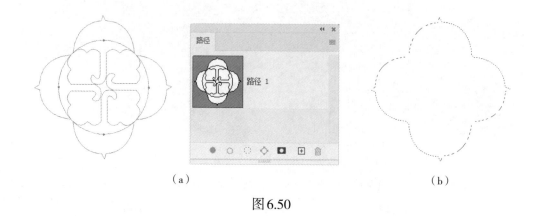

（a）　　　　　　　　　　　　（b）

图6.50

（2）使用路径选择工具 ▶ 选择中间的圆并选择 ▣ 选项后，绘制的路径及在"路径"面板上的显示如图6.51（a）所示，转换为选择区域后如图6.51（b）所示。

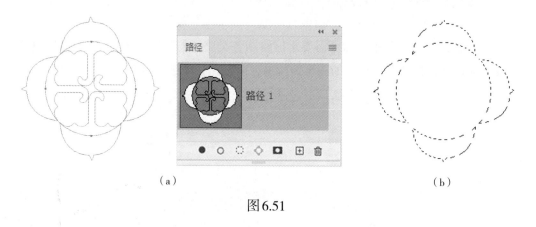

（a）　　　　　　　　　　　　（b）

图6.51

（3）使用路径选择工具 ▶ 选择中间的圆并选择 ▣ 选项后，绘制的路径用及在"路径"面板上的显示如图6.52（a）所示，转换为选择区域后如图6.52（b）所示。

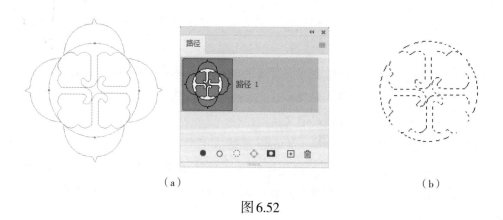

（a）　　　　　　　　　　　　（b）

图6.52

（4）使用路径选择工具 ，选择中间的圆并选择 选项后，绘制的路径及在"路径"面板上的显示如图6.53（a）所示，转换为选择区域后如图6.53（b）所示。

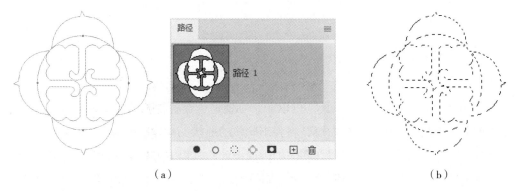

（a）　　　　　　　　　　　　　　　　　　（b）

图6.53

通过以上示例，可以看出在绘制路径时选择不同的选项可以得到不同的路径效果。

选择工具选项栏中的"合并形状组件"选项，可以按所选的模式得到新路径。在圆形路径被选中的情况下，选择工具选项栏上的"合并形状组件" 选项后，新生成的路径、"路径"面板将显示如图6.54所示。

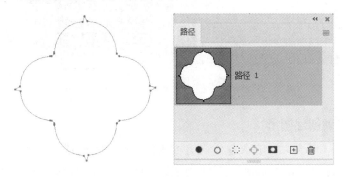

图6.54

如果分别选择4种不同的路径运算模式并选择"合并形状组件"选项，可以分别得到如图6.55所示的4种路径。

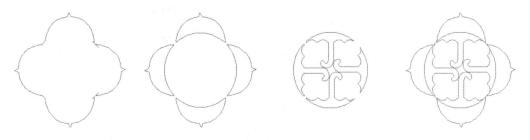

图6.55

可以看出通过先绘制形状简单的路径，再通过单击路径运算选项，可以得到形状复杂的或难于直接绘制的路径。

6.5 绘制几何形状

利用Photoshop中的形状工具，可以非常方便地创建各种几何形状或路径。在工具箱中的形状工具组上单击鼠标右键，将弹出隐藏的形状工具。使用这些工具都可以绘制各种标准的几何图形。用户可以在图像处理或设计的过程中，根据实际需要选用这些工具。图6.56所示就是一些采用形状工具绘制得到的图形，并应用于设计作品后的效果。

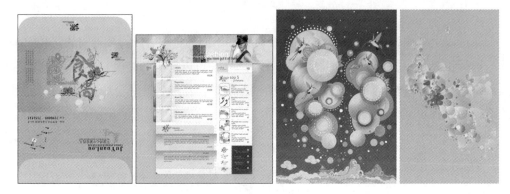

图6.56

6.5.1 精确创建图形

从Photoshop CS6开始，在矢量绘图方面提供了更强大的功能，在使用矩形工具 □、椭圆工具 ○、自定形状工具 ⌘ 等图形绘制工具时，可以在画布中单击，此时会弹出一个相应的对话框，以使用椭圆工具 ○ 在画布中单击为例，将弹出如图6.57所示的参数设置对话框，在其中设置适当的参数并选择选项，然后单击"确定"按钮，即可精确创建圆角矩形。

图6.57

6.5.2 调整形状属性

在 Photoshop 中，使用路径选择工具 选中要改变大小的路径后，在工具选项栏或"属性"面板中输入 W 和 H 数值，即可改变其大小。若是选中 W 与 H 之间的链接形状的宽度和高度按钮 ，则可以等比例调整当前选中路径的大小。

此外，在"属性"面板中还可以设置更多的参数，如图 6.58 所示，例如对于使用矩形工具 绘制的路径，可以在"属性"面板中设置其圆角属性，若是绘制的是形状图层，则可以设置填充色、描边色以及各种描边属性。关于形状图层的讲解，请参见本章下一节的内容。

图 6.58

6.5.3 调整路径的上下顺序

在绘制多个路径时，常需要调整各条路径的上下顺序，在 Photoshop 中，提供了专门用于调整路径顺序的功能。

在使用路径选择工具 选择要调整的路径后，可以单击工具选项栏上的路径排列方式按钮 ，此时将弹出如图 6.59 所示的下拉列表，选择不同的命令，即可调整路径的顺序。

图 6.59

6.5.4 创建自定形状

如果我们经常要使用某一种路径，则可以将此路径保存为形状，从而在以后的工作中提高操作效率。

要创建自定形状，可以按下述步骤操作。

（1）选择钢笔工具 ⌀，用钢笔工具 ⌀ 创建所需要的形状的外轮廓路径，如图 6.60 所示。

图 6.60

（2）选择路径选择工具 ▶，将路径全部选中。

（3）选择"编辑"丨"定义自定形状"命令，在弹出的如图 6.61 所示的对话框中输入新形状的名称，然后单击"确定"按钮确认。

（4）选择自定形状工具 ⌀，在形状列表框中即可看见自定义的形状，如图 6.62 所示。

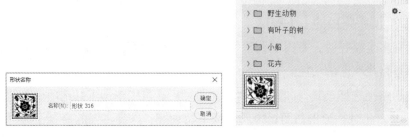

图 6.61   图 6.62

6.6 为形状设置填充与描边

在 Photoshop 中，可以直接为形状图层设置多种渐变及描边的颜色、粗细、线型等属性，从而更加方便地对矢量图形进行控制。

要为形状图层中的图形设置填充或描边属性，可以在"图层"面板中选择相应的形状图层，然后在工具箱中选择任意一种形状绘制工具或路径选择工具 ▶，然后在工具选项栏上即可显示如图 6.63 所示的参数。

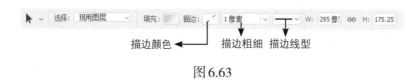

图 6.63

（1）填充或描边颜色：单击填充颜色或描边颜色按钮，在弹出的类似如图 6.64 所示的面板中可以选择形状的填充或描边颜色，其中可以设置的填充或描边颜色类型为无、纯色、渐变和图案 4 种。

（2）描边粗细：在此可以设置描边的线条粗细数值。例如，如图 6.65 所示是将描边颜色设置为紫红色，且描边粗细为 6 点时得到的效果。

图 6.64　　　　　　　图 6.65

（3）描边线型：在此下拉列表中，如图 6.66 所示，可以设置描边的线型、对齐方式、端点及角点的样式。若单击"更多选项"按钮，将弹出如图 6.67 所示的对话框，在其中可以更详细地设置描边的线型属性。如图 6.68 所示是将描边设置为虚线时的效果。

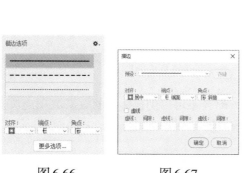

图 6.66　　　　　图 6.67　　　　　图 6.68

6.7 习题

1. 选择题

1. 下列关于路径的描述错误的是：（　　　）

A. 路径可以用画笔工具 ✐ 、铅笔工具 ✐ 、仿制图章工具 ♨ 等进行描边

B. 当对路径进行填充颜色的时候，路径不可以创建镂空的效果

C. 可以为路径填充纯色或图案

D. 按 Ctrl+Enter 键可以将路径转换为选区

2. 在使用钢笔工具 ✐ 时，按下（　　　）键可以临时切换至直接选择工具 ▶ 。

　A. Alt　　　　　　　　C. Shift+Ctrl　　　　　B. Ctrl　　　　　　　D. Alt+Ctrl

3. 当单击"路径"面板下方的"用画笔描边路径"按钮 ○ 时，若想弹出"选择描边工具"对话框，应按住下列哪个键？（　　　）

　A. Alt　　　　　　　　C. Shift+Ctrl　　　　　B. Ctrl　　　　　　　D. Alt+Ctrl

4. 在按住什么功能键的同时单击"路径"面板中的填充路径按钮 ● ，会出现"填充路径"对话框：（　　　）

　A. Shift　　　　　　　C. Ctrl　　　　　　　　B. Alt　　　　　　　D. Shift+Ctrl

5. 使用钢笔工具 ✐ 创建直线点的方法是：（　　　）

A. 用钢笔工具 ✐ 直接单击

B. 用钢笔工具 ✐ 单击并按住鼠标键拖动

C. 用钢笔工具 ✐ 单击并按住鼠标键拖动使之出现两个把手，然后按住 Alt 键单击

D. 按住 Ctrl 键的同时用钢笔工具 ✐ 单击

6. 若将曲线锚点转换为直线锚点，应采用下列哪个操作？（　　　）

A. 使用路径选择工具 ▶ 单击曲线锚点

B. 使用钢笔工具 ✐ 单击曲线锚点

C. 使用转换点工具 ⌐ 单击曲线锚点

D. 使用铅笔工具 ✐ 单击曲线锚点

7. 下列关于路径的描述正确的是：（　　　）

A. 路径可以用画笔工具 ✐ 进行描边

B. 当对路径进行填充颜色的时候，路径不可以创建镂空的效果

C. "路径"面板中路径的名称可以修改

D. 路径可以随时转化为选区

8.关于工作路径，以下说法正确的是：（　　　）

A.双击当前工作路径，在弹出的对话框中键入名字即可存储路径

B.工作路径是临时路径，当隐藏路径后重新绘制路径，工作路径将被新的路径覆盖

C.绘制工作路径后将在关闭文档时自动保存为路径

D.绘制路径后，在"路径"面板的面板菜单中选择"存储路径"，可以保存路径

9.下列属于路径运算模式的是：（　　　）

A.合并形状　　　　　　　　　　B.减去顶层形状

C.排除重叠形状　　　　　　　　D.与形状区域相交

2. 上机操作题

1.试使用形状工具及画笔描边路径功能，制作得到如图6.69所示的效果。

图6.69

2.打开随书所附的素材"第6章\上机题2-素材.psd"，如图6.70所示。通过绘制图形并设置其填充与描边属性，制作如图6.71所示的效果。

图6.70　　　　　　图6.71

3. 打开随书所附的素材"第6章\上机题3−素材.psd",如图6.72所示。通过设置形状的填充与描边属性,制作如图6.73所示的两种效果。

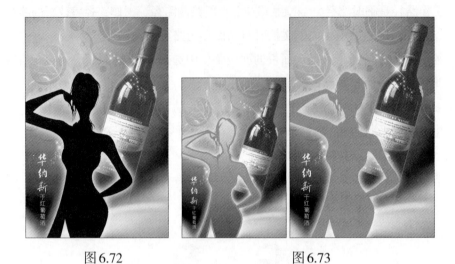

图 6.72   图 6.73

第7章 掌握文字的编排

　　本章主要讲解如何在Photoshop中创建文字、改变文字的属性、格式化文字段落及如何将文字转换成为路径等方面的知识，其中对沿路径排文、将文字排列于路径中、扭曲文字等大量方便、实用的功能进行了透彻地讲解。

学习重点

　　◎ 输入文字。

　　◎ 点文字与段落文字。

　　◎ 格式化文字与段落。

　　◎ 设置字符样式与段落样式。

　　◎ 特效文字。

　　◎ 文字转换。

　　在各类设计尤其是平面设计中，文字是不可缺少的设计元素，它能直接传递设计者要表达的信息，因此对文字的设计和编排是不容忽视的。

　　Photoshop具有强大的文字处理功能，配合图层、通道与滤镜等功能，可以制作出各种精美的艺术效果字，如图7.1所示，甚至可以在Photoshop中进行适量的排版操作。

图7.1

7.1 输入文字

7.1.1 输入水平或垂直文字

在 Photoshop 中输入水平与垂直文字时，在操作步骤方面没有本质的区别。故我们以为图像添加水平排列的文字为例，讲解其操作步骤。

（1）在工具箱中选择横排文字工具 T 或直排文字工具 IT，工具选项栏显示如图7.2所示。

图7.2

（2）在工具选项栏中设置文字属性参数，再在需要输入文字的位置单击一下，插入一个文本光标。

（3）输入图像中所需要的文字。

（4）完成文字输入工作后，单击文字工具选项栏右侧的提交所有当前编辑按钮 ✓ 即可完成输入文字，单击取消所有当前编辑按钮 ⊘ 可取消文字的输入。

如图7.3和图7.4所示分别为水平文字和垂直文字的示例。

图7.3   图7.4

7.1.2 转换横排文字与直排文字

在Photoshop中水平排列的文本和垂直排列的文本之间可以相互转换，要完成这一操作，可以按以下步骤进行。

（1）用横排文字工具 T 或直排文字工具 IT 在要转换的文字上单击一下，以插入一个文本光标。

（2）单击工具选项栏中的切换文本取向按钮 ⼯，或选择"文字"｜"取向"｜"垂直""文字"｜"取向"｜"水平"命令，即可转换文字的排列方向。

> 提示：Photoshop无法转换一段文字中的某一行或某几行文字，同样也无法转换一行或一列文字中的某一个或某几个文字，只能对整段文字进行转换操作。

7.1.3 粘贴文本

除了直接复制其他程序（如Word或记事本等）中的文本，然后粘贴到Photoshop中以外，很多时候还需要在Photoshop内部进行文本的复制与粘贴操作。此时存在一个问题就是，在粘贴时我们可能希望只粘贴文本内容，而不要它原有的格式，在Photoshop CC 2024中，可以使用"编辑"｜"选择性粘贴"｜"粘贴且不使用任何格式"命令。

7.1.4 文字图层的特点

在图像中创建文字后，在"图层"面板中会自动创建一个以输入的文字内容为名字的文字图层，如图7.5所示。

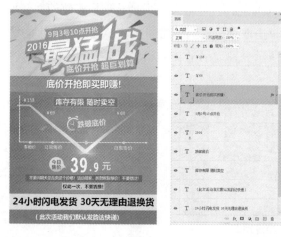

图7.5

文字图层具有与普通图层不一样的操作性。例如在文字图层中我们无法使用画笔工具、铅笔工具、渐变工具等工具进行绘制操作，也无法使用"滤镜"菜单中的滤镜命令对该图层进行操作，只能对文字进行变换、改变颜色等简单操作。

但可以改变文字图层中的文字属性，同时保持原文字所具有的其他基本属性不变，其中包括自由变换、颜色、图层效果、字体、字号、角度等。例如，对于如图7.6所示的文字效果，如果需要将文字"GOLF"的字体从黑体改变为 Times New Roman，可以将文字选中，在工具选项栏中选择 Times New Roman 字体，则在改变字体后文字的颜色和大小都不会改变，如图7.7所示。

图7.6

图7.7

提示：在执行上面的操作时，即使文字"GOLF"具有一定的倾斜角度与图层样式，也不会因为文字的字体发生变化而变化，关于这一点读者可以自行尝试。

7.2　点文字与段落文字

无论用哪一种文字工具创建的文本都有两种方式，即点文字和段落文字。

（1）点文字的文字行是独立的，即文字行的长度随文本的增加而变长，不会自动换行，因此，如果在输入点文字时要换行必须按回车键。

（2）段落文字与点文字的不同之处为，输入的文字长度到达段落定界框的边缘时，文字会自动换行，当段落定界框的大小发生变化时，文字同样会根据定界框的变化而发生变化。

7.2.1　点文字

要输入点文字可按下面的操作步骤进行。

（1）选择横排文字工具 T. 或直排文字工具 IT.。

（2）用光标在图像中单击，得到一个文本插入点。

（3）在光标后面输入所需要的文字，如果需要文字折行可按回车键，完成输入后单击提交所有当前编辑按钮 ✓ 确认。

7.2.2　编辑点文字

要对输入完成的文字进行修改或编辑，有以下两种方法可以进入文字编辑状态。

（1）选择文字工具，在已输入完成的文字上单击，将出现一个闪动的光标，我们即可对文字进行删除、修改等操作。

（2）在"图层"面板中双击文字图层缩略图，相对应的所有文字将被刷黑选中，我们可以在文字工具的工具选项栏中通过设置文字的属性，对所有的文字进行字体、字号等文字属性的更改。

7.2.3　输入段落文字

段落文字与点文字的不同之处在于文字显示的范围由一个文本框界定，当键入的文字到达文本框的边缘时，文字就会自动换行；当调整文本框的边框时，文字会自动改变每一行显示的文字数量以适应新的文本框。输入段落文字可以按以下操作步骤进行：

（1）打开随书所附的素材"第7章\7.2.3–素材.jpg"。

（2）选择横排文字工具 T.或直排文字工具 IT.。

（3）在页面中拖动光标，创建一个段落文字定界框，文字光标显示在定界框内，如图7.8所示。

（4）在工具选项栏的"字符"面板和"段落"面板中设置文字选项。

（5）在文字光标后输入文字，如图7.9所示，单击提交所有当前编辑按钮☑确认。

图7.8　　　　　　　　　　　　　　　　图7.9

7.2.4 编辑段落定界框

第一次创建的段落文字定界框未必完全符合要求，因此，在创建段落文字的过程中或创建段落文字后要对文字定界框进行编辑。编辑定界框可以按以下操作步骤进行：

（1）打开随书所附的素材"第7章\7.2.4–素材.jpg"。

（2）用横排文字工具 T.在页面的文字中单击插入光标，此时定界框如图7.10所示。

（3）将光标放在定界框的句柄上，待光标变为双向箭头时拖动，就可以缩放定界框，如图7.11所示。如果在拖动光标时按住Shift键，可保持定界框按比例调整。

图7.10　　　　　　　　　　　　　　　　图7.11

（4）将光标放在定界框的外面，待光标变为弯曲的双向箭头时拖动，就可以旋转定界框，如图7.12所示。按住"Shift"键并拖动，可将旋转限制为按15°的增量进行。要更改旋转中心，按住"Ctrl"键拖动中心点到新位置。

（5）要斜切定界框，按Ctrl+Shift键，待光标变为双向小箭头时拖动句柄即可，如图7.13所示。

图 7.12　　　　　　　　　　　　　　图 7.13

7.2.5　转换点文本与段落文本

选择"文字"|"转换为点文本"或"文字"|"转换为段落文本"命令，可以相互转换点文本和段落文本。

7.2.6　输入特殊字形

Photoshop 从 CC 2015 版本开始支持字形功能，从而可以更容易地输入各种特殊符号或文字等特殊字形。选择"窗口"|"字形"命令显示"字形"面板后，在要输入的位置插入光标，然后双击要插入的特殊字形即可。

用户还可以在字体类别下拉列表中，选择要显示的特殊字形分类，如图7.14所示。

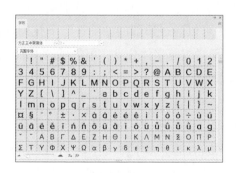

图 7.14

7.3 格式化字符与段落

7.3.1 格式化字符

1. 设置字符基本属性

要格式化字符属性可以按以下步骤操作：

（1）在"图层"面板中双击要设置字符的文字层缩略图，或利用相应的文字工具在图像中的文字上双击，以选择当前文字层的所有或部分文字。

（2）单击工具选项栏中的切换字符和段落面板按钮 ![]，弹出如图7.15所示的"字符"面板。

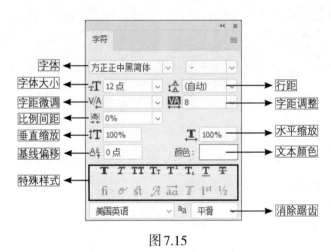

图7.15

（3）在"字符"面板中设置属性后，单击工具选项栏中的提交所有当前编辑按钮 ✓ 确认。

"字符"面板中的重要参数及选项意义如下所述。

1）字体：在字体下拉列表中，可以选择电脑中安装的字体，如图7.16所示。从Photoshop CC 2015开始，可以通过顶部的"筛选"下拉列表选择不同的选项，以黑体、艺术、手写、衬线、无衬线等字体分类；单击显示Adobe Fonts按钮 ![]，可以只显示从Adobe Fonts网站添加的字体；单击显示收藏字体按钮 ★，可以只显示被设置为"收藏"的字体（在字体左侧单击 ☆ 图标，使之变为 ★ 即可收藏字体，再次单击即可取消收藏）；单击显示相似字体按钮 ≈，可以根据当前字体的特点，自动筛选出相似的字体；单击来自Adobe Fonts的更多字体按钮 ![]，可以访问Adobe Fonts网站并在其中选择并同步字体至本地计算机中，如图7.17所示。

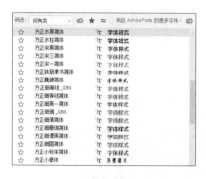 

图7.16　　　　　　　　　　　　　　　　图7.17

> **提示**：对于已经打开的图像文件，用户可选择"文字"｜"解析缺失字体"命令，调出上述对话框。

2）设置行距：在此数值框中输入数值或在下拉菜单中选择一个数值，可以设置两行文字之间的距离，数值越大行间距越大，如图7.18所示是为同一段文字应用不同行间距后的效果。

图7.18

3）设置所选字符的字距调整：此数值控制了所有选中的文字的间距，数值越大字间距越大，如图7.19所示是设置不同字间距的效果。

图7.19

4）设置基线偏移：此参数仅用于设置选中的文字的基线值，对于水平排列的文字而言，正数向上偏移、负值向下偏移，如图7.20所示是原文字及基线偏移数值设置为30pt的效果。

图7.20

5）设置字体特殊样式：单击其中的按钮，可以将选中的文字改变为此种形式显示。其中的按钮依次为，仿粗体、仿斜体、全部大写字母、小型大写字母、上标、下标、下划线和删除线。如图7.21所示为原图，如图7.22和图7.23所示为单击全部大写按钮 ᴛᴛ 及小型大写按钮 ᴛ 后的效果。

图7.21　　　　　　　　图7.22　　　　　　　　图7.23

6）设置消除锯齿的方法：在此下拉列表中选择一种消除锯齿的方法。

2. 设置可变字体

近年来，基于移动设备的UI设计极为火爆，Photoshop作为老牌的设计软件，也针对这一领域做了很多的优化，这其中就包含了字体的支持，如前面介绍的Svg字体就是其中之一，此外，还新增了基于OpenType的"可变字体"，简单来说，可变字体就是可以通过参数自定义字体的直线宽度、宽度、倾斜度等属性。

要注意的是，可变字体是需要字体本身支持的，Photoshop CC 2024附带了几款可变字体，如Acumin Variable Concept，选择一个文字图层并应用此字体后，即可在"属性"面板下方显示可设置的可变字体属性，如图7.24所示。

图7.24

关于可变字体的参数解释如下：

（1）直线宽度：调整此参数可设置字体的粗细，数值越大则字符越粗，反之则字符越细，例如图7.25所示是分别设置不同直线宽度时的效果。

图7.25

（2）宽度：此参数用于控制单个字符的宽度，数值越大则字符越宽，反之则字符越窄，例如图7.26所示是分别设置不同宽度时的效果。

图 7.26

（3）倾斜：此参数用于调整字符的倾斜角度，数值越在则倾斜角度越明显，例如图 7.27 所示是分别设置不同倾斜值时的效果。

图 7.27

7.3.2 格式化段落

通过格式化段落，可以设置文字段落的段间距、对齐方式、左空与右空数值等参数，此项操作主要是在"段落"面板中进行的，其操作步骤如下：

（1）选择相应的文字工具，在要设置段落属性的文字中单击插入光标。如果要一次性设置多段文字的属性，用文字光标刷黑选中这些段落中的文字。

（2）单击"字符"面板右侧的"段落"标签，弹出如图 7.28 所示的"段落"面板。

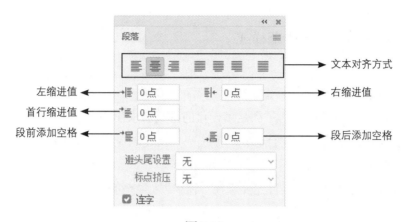

图 7.28

（3）设置好属性后单击工具选项栏中的提交所有当前编辑按钮 ✔ 确认。

此面板中的重要参数及选项说明如下。

1）文本对齐方式：单击其中的选项，光标所在的段落将以相应的方式对齐。

2）左缩进值：设置文字段落的左侧相对于定界框左侧的缩进值。

3）右缩进值：设置文字段落的右侧相对于定界框右侧的缩进值。

4）首行缩进值：设置选中段落的首行相对于其他行的缩进值。

5）段前添加空格：设置当前文字段与上一文字段之间的垂直间距。

6）段后添加空格：设置当前文字段与下一文字段之间的垂直间距。

如图 7.29 所示为原文字段落效果，如图 7.30 所示为改变文字段落对齐方式后的效果。

图 7.29

图 7.30

7.4 设置字符样式与段落样式

7.4.1 设置字符样式

从 Photoshop CS6 开始，为了满足多元化的排版需求而加入了字符样式功能，它相当于对文字属性设置的一个集合，并能够统一、快速的应用于文本中，且便于进行统一编辑及修改。

要设置和编辑字符样式，首先要选择"窗口"|"字符样式"命令，以显示"字符样式"面板。

1. 创建字符样式

要创建字符样式，可以在"字符样式"面板中单击"创建新的字符样式"按钮 ，即可按照默认的参数创建一个字符样式，如图 7.31 所示。

图 7.31

若是在创建字符样式时，刷黑选中了文本内容，会按照当前文本所设置的格式创建新的字符样式。

2. 编辑字符样式

在创建了字符样式后，双击要编辑的字符样式，即可弹出如图 7.32 所示的对话框。

图 7.32

在"字符样式选项"对话框中,在左侧可以选择"基本字符格式""高级字符格式"以及"OpenType功能"共3个选项,在右侧的对话框中,可以设置不同的字符属性。

3. 应用字符样式

当选中一个文字图层时,在"字符样式"面板中单击某个字符样式,可为当前文字图层中所有的文本应用字符样式。若是刷黑选中文本,则字符样式仅应用于选中的文本。

4. 覆盖与重新定义字符样式

在创建字符样式以后,若当前选择的文本中,含有与当前所选字符样式不同的参数,则该样式上会显示一个"+",如图7.33所示。

图7.33

此时,单击"清除覆盖"按钮 ,可以将当前字符样式所定义的属性,应用于所选的文本中,并清除与字符样式不同的属性;单击"通过合并覆盖重新定义字符样式"按钮 ,可以依据当前所选文本的属性,将其更新至所选中的字符样式中。

5. 复制字符样式

要创建一个与某字符样式相似的新字符样式,可以选中该字符样式,然后单击"字符样式"面板中上角的面板按钮 ,在弹出的菜单中选择"复制样式"命令,即可创建一个所选样式的拷贝,如图7.34所示。

图7.34

6. 载入字符样式

要调用某PSD格式文件中保存的字符样式，可以单击"字符样式"面板右上角的面板按钮■，在弹出的菜单中选择"载入字符样式"命令，在弹出的对话框中选择包含要载入的字符样式的PSD文件即可。

7. 删除字符样式

对于无用的字符样式，可以选中该样式，然后单击"字符样式"面板底部的"删除当前字符样式"按钮■，在弹出的对话框中单击"是"按钮即可。

7.4.2 设置段落样式

从Photoshop CS6开始，为了便于在处理多段文本时控制其属性而新增了段落样式功能，包含了对字符及段落属性的设置。要设置和编辑字符样式，首先要选择"窗口"|"段落样式"命令，以显示"段落样式"面板，如图7.35所示。

在编辑段落样式的属性时，将弹出如图7.36所示的对话框，在左侧的列表中选择不同的选项，然后在右侧设置不同的参数即可。如图7.37所示设计作品中的文字即为应用"段落样式"面板制作而成。

图7.35

图7.36

图7.37

> **提示：** 当同时对文本应用字符样式与段落样式时，将优先应用字符样式中的属性。

7.5　特效文字

我们经常在一些广告、海报和宣传单上可以看到一些扭曲的文字和特殊排列的文字，既新颖版式效果又很好，其实这些效果在 Photoshop 中很容易实现。下面将具体讲解文字的扭曲变形操作，绕排文字和区域文字的制作及编辑。

7.5.1　扭曲文字

Photoshop 具有扭曲文字的功能，值得一提的是扭曲后的文字仍然可以被编辑。在文字被选中的情况下，只需单击工具选项栏上的创建文字变形按钮 ，即可弹出如图 7.38 所示的对话框。

在对话框下拉菜单中，可以选择一种变形选项对文字进行变形，如图 7.39 所示中的弯曲文字均为对水平排列的文字使用此功能得到的效果。

图 7.38　　　　　　　　　　图 7.39

"变形文字"对话框中的重要参数说明如下。

（1）样式：在此可以选择各种 Photoshop 默认的文字扭曲效果。

（2）水平/垂直：在此可以选择是使文字在水平方向上扭曲还是在垂直方向上扭曲。

（3）弯曲：在此输入数值可以控制文字扭曲的程度，数值越大，扭曲程度也越大。

（4）水平扭曲：在此输入数值可以控制文字在水平方向上扭曲的程度，数值越大则文字在水平方向上扭曲的程度越大。

（5）垂直扭曲：在此输入的数值可以控制文字在垂直方向上扭曲的程度，数值越大则文字在垂直方向上扭曲的程度越大。

下面我们以一个实例讲解其操作步骤。

（1）打开随书所附的素材"第7章\7.5.1–素材.psd"。

（2）在"图层"面板中选择要变形的文字层为当前操作层，并选择文字工具。或直接将文字光标插入到要变形的文字中，如图7.40所示。

（3）单击工具选项栏中的创建文字变形按钮，弹出"变形文字"对话框，在"样式"下拉列表框中选择"扇形"样式，如图7.41所示。

（4）单击"变形文字"对话框中的"确定"按钮，确认变形效果，得到如图7.42所示的变形文字效果。

图7.40   图7.41   图7.42

如果要取消文字变形效果，在图像中先选中具有扭曲效果的文字，再在"变形文字"对话框的"样式"下拉列表中选择"无"选项。

7.5.2 沿路径排文

在Photoshop中可以轻松地实现沿路径排文的效果，如图7.43所示。

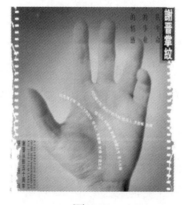

图7.43

要取得沿路径绕排文字的效果，可以按下面的步骤进行操作。

（1）选择钢笔工具 ◯，在工具选项栏中选择"路径"选项，绘制一条用于绕排文字的路径。

（2）选择横排文字工具 T，将此工具放于路径线上，直至光标变化为 I 的形状，用光标在路径线上单击，以在路径线上创建一个文本光标点。

（3）在文本光标点的后面输入所需要的文字，完成输入后单击提交所有当前编辑按钮 ✓ 确认，即可得到所需要的效果。

下面讲解如何改变绕排于路径上的文字的位置及文字属性等操作。

1. 改变绕排文字位置

要改变绕排于路径上的文字，可以在选中文字工具的同时按住 Ctrl 键，此时鼠标的光标将变化为" ▶ "形，用此光标拖动文本前面的文本位置点，如图 7.44 所示，即可沿着路径移动文字，其效果如图 7.45 所示。

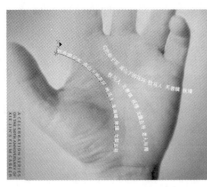

图 7.44

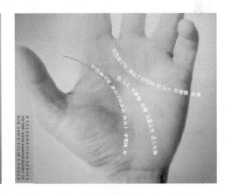

图 7.45

我们也可以选择路径选择工具 ▶，并将光标放于绕排于路径上的文字上，此时光标同样会变化为" ▶ "形，用此光标进行移动文字的操作即可。

2. 改变绕排文字属性

用文字工具将路径线上的文字刷黑选中，然后在"字符"面板中修改相应的参数，可以修改绕排于路径上的文字的各种属性，其中包括字号、字体、水平或垂直排列方式及其他文字的属性，如图 7.46 所示为笔者修改文字的字号与字体后的效果。

3. 改变绕排路径

如果我们修改了路径的曲率、角度或节点的位置，则自动修改绕排于路径上的文字的形状及文字相对于路径的位置。如图 7.47 所示为笔者通过修改节点的位置及路径线曲率后的文字绕排效果，可以看出文字的绕排形状已经随着路径形状的改变而发生了变化。

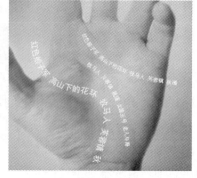

图 7.46   图 7.47

7.5.3 区域文字

通过在路径内部输入文字，可以制作异形文本块效果。下面讲解与此相关的知识与操作技能。通过在路径中键入文字以制作异形文本块的具体步骤如下。

（1）打开随书所附的素材"第 7 章\7.5.3- 素材 .jpg"，选择钢笔工具 ◎ 并在其工具选项栏中选择"路径"选项，在画布中绘制一条如图 7.48 所示的路径。

（2）在工具箱中选择横排文字工具 T.，在工具选项栏中设置适当的字体和字号，将鼠标指针放置在绘制的路径中间，直至鼠标指针转换为 形状。

（3）在 状态下，用鼠标指针在路径中单击（不要单击路径本身），从而插入文字光标，此时路径被虚线框包围。

（4）在文字光标后键入所需要的文字，效果如图 7.49 所示。

图 7.48   图 7.49

在制作图文绕排效果时，路径的形状起到了关键性的作用，因此要得到不同形状的绕排效果，只需要绘制不同形状的路径即可。

7.6　文字转换

7.6.1　转换为普通图层

如果要用工具箱中的工具或"滤镜"菜单下的命令对文字图层中的文字进行操作，必须将文字图层转换成为普通图层。

要完成这一操作，可以选择"文字"|"栅格化文字图层"命令，将文字图层转换为普通图层，再进行上述操作。

7.6.2　由文字生成路径

选择"文字"|"创建工作路径"命令，可以由文字图层生成工作路径。如图 7.50 所示为用于生成工作路径的文字，如图 7.51 中所示为生成工作路径并对其进行编辑得到的连体文字效果。

下面以此例讲解如何将文字转换为路径并对其进行编辑的方法。

（1）打开随书所附的素材"第 7 章\7.6.2– 素材 .jpg"，输入如图 7.52 所示的文字。

图 7.50　　　　　　　　　图 7.51　　　　　　　　　图 7.52

（2）选择"文字"|"创建工作路径"命令，得到如图 7.53 所示的文字路径。

（3）单击文字图层前面的眼睛图标 ，隐藏文字图层。在工具箱中选择路径选择工具 ，调整文字路径的位置，直至得到如图 7.54 所示的效果。选择直接选择工具 ，调整路径的形状至如图 7.55 所示的效果。

（4）按 Ctrl+Enter 组合键将路径转换成为选择区域，切换至"图层"面板中并新建一个图层得到"图层 1"。

图 7.53

图 7.54

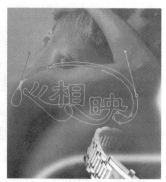
图 7.55

（5）设置前景色为白色，填充前景色得到如图 7.56 所示的特效文字。

（6）在"图层"面板中设置"图层 1"的"填充"为 0%，单击"图层"面板下方的添加图层样式按钮 fx，在弹出的菜单中选择"外发光"选项，设置弹出的对话框如图 7.57 所示，得到如图 7.58 所示的最终效果。

图 7.56

图 7.57

图 7.58

> 提示："外发光"对话框中的外发光颜色为白色。

7.7 习题

1. 选择题

1. 下列说法中，无法改变文本颜色的是：（　　　　）

A. 选中文本并在工具选项栏中设置颜色

B. 对当前文本图层执行"色相/饱和度"命令

C. 使用调整图层

D.使用"颜色叠加"图层样式

2.要为文本设置字符、段落属性，可以使用：（　　　）

A.字符样式　　　　　　　　　　　B.段落样式

C.对象样式　　　　　　　　　　　D.文字样式

3.为字符设置"基线偏移"的作用是？（　　　）

A.调节段落前后的位置

B.调节字符的左右位置

C.调节字符的上下位置

D.调节字符在各方向上的位置

4.对于文本，下列操作不能实现的是：（　　　）

A.为个别字符应用不同的色彩

B.为文本设置字号

C.为文本设置渐变填充

D.为个别字符设置不同大小

5.下列关于修改文字属性的说法中，正确的是：（　　　）

A.可以修改文字的颜色

B.可以修改文字的内容，如加字或减字

C.可以修改文字大小

D.将文字图层转换为像素图层后，可以改变文字字体

6.Photoshop中文字的属性可以分为哪两部分：（　　　）

A.字符　　　　　　　　　　　　　B.段落

C.区域　　　　　　　　　　　　　D.路径

7.要将文字图层栅格化，可以：（　　　）

A.在文字图层上单击右键，在弹出的菜单中选择"栅格化文字"命令

B.选择"图层"｜"栅格化文字"命令

C.按住alt键双击文字图层的名称

D.按住alt键双击文字图层的缩览图

8.Photoshop中将文字转换为形状的方法是？（　　　）

A."文字—转换为形状"命令

B.按CTRL+SHIFT+O键

C.在要转的文字图层上单击右键，在弹出的菜单中选择"转换为形状"命令

D.按 Alt+Shift+O 键

2. 上机操作题

1.打开随书所附的素材"第7章\上机题1–素材.psd",如图7.59所示,在其中输入文字并设置适当的文字属性,得到如图7.60所示的效果。

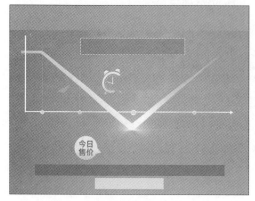 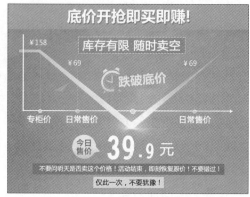

图7.59　　　　　　　　　　　　　　　图7.60

2.打开随书所附的素材"第7章\上机题2–素材.psd",如图7.61所示。输入段落文本并将其格式化为类似如图7.62所示的状态。

图7.61

图7.62

3.使用上一步中输入并格式化的文字，在其中为部分文字进行特殊属性，直至得到如图7.63所示的效果。

图7.63

4.打开随书所附的素材"第7章\上机题4-素材.psd"，如图7.64所示，在其左上方输入文字并转换为形状，然后通过编辑路径的方式制作得到类似如图7.65所示的效果。

图7.64

图7.65

第8章　掌握图层的应用

本章主要讲解Photoshop的核心功能之一——图层，其中包括图层的基础操作，如新建、选择、复制、删除图层等，以及剪贴蒙版、图层样式、图层复合、图层的混合模式等。

由于Photoshop中的任何操作都是基于图层的，因此本章是本书的重点章节之一，希望读者认真学习。

学习重点

◎ 图层概念。

◎ 图层操作。

◎ 对齐或分布图层。

◎ 图层组及嵌套图层组。

◎ 画板。

◎ 剪贴蒙版。

◎ 图层样式。

◎ 填充透明度。

◎ 图层的混合模式。

◎ 智能对象。

◎ 3D图层。

图层在Photoshop中扮演着重要的角色，我们的所有操作都基于图层，就像我们写字必须写在纸上，画画必须画在画布上一样。所有在Photoshop中打开的图像都有一个或多个图层。图层的种类分为图像图层、调整图层、填充图层、形状图层、文字图层等，我们对不同的图层进行编辑操作，便得到了丰富多彩的图像效果。

8.1 图层概念

"图层"顾名思义就是图像的层次，在Photoshop中可以将图层想象成是一张张叠起来的透明胶片，如果图层上没有图像，就可以一直看到底下的图层，其示意图如图8.1和图8.2所示。

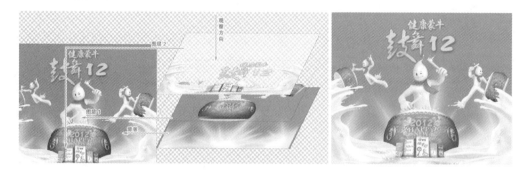

图8.1

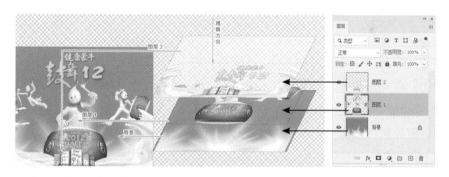

图8.2

使用图层绘图的优点在于，可以非常方便地在相对独立的情况下对图像进行编辑或修改，可以为不同胶片（即Photoshop中的图层）设置混合模式及透明度。我们可以通过更改图层的顺序和属性改变图像的合成效果，而且当我们对其中的一个图层进行处理时，不会影响到其他图层中的图像。

如上所述，在Photoshop中透明胶片被称为图层。对应于如图8.1所示的分层胶片，实际上就是不同的图层，如图8.2所示。

由于每个图层相对独立，因此可以向上或向下移动图层，从而达到改变图层相互覆盖关系的目的，得到各种不同效果的图像。

图层的显示和操作都集中在"图层"面板中，选择"窗口"|"图层"命令，显示"图层"面板，其中各部分的意义如下。

（1）Q类型 ：在其下拉菜单中可以快速查找、选择及编辑不同属性的图层。

（2）图层混合模式 正常 ：在其下拉列表框中可以选择相应选项以为当前图层设置一种混合模式。

（3）不透明度 不透明度：100% ：在此文本框中输入数值，可以设置当前图层的不透明度。也可以在选中多个图层的情况下，在此设置它们的不透明度属性。

（4）锁定图层控制 锁定：/+a ：在此单击各个按钮，可以锁定图层的"透明像素""图像像素""位置"和"所有属性"。

（5）填充 填充：100% ：在此文本框中输入数值，可以设置在图层中绘图笔画的不透明度。也可以在选中多个图层的情况下，在此设置它们的填充透明度数值。

（6）显示/隐藏图层图标 👁 ：用于标志当前图层是否处于显示状态。如果单击使此图标使其消失，则可以隐藏该图层中的内容，再次单击眼睛图标区域，可以显示眼睛图标及图层内容。

（7）链接图层按钮 ∞ ：在选中多个图层的情况下，单击此按钮可以将选中的图层链接起来，这样可以让用户对图层中的图像执行对齐、统一缩放等操作。

（8）添加图层样式按钮 fx. ：单击此按钮，在弹出的下拉菜单中选择一种样式，可为当前图层添加相应的图层样式。

（9）添加图层蒙版按钮 ◻ ：单击该按钮，即可为当前操作图层添加蒙版。

（10）创建新的填充或调整图层按钮 ◔ ：单击该按钮，可以在当前图层的上面添加一个调整图层。

（11）创建新组按钮 ▢ ：单击该按钮，可创建一个组。

（12）创建新图层按钮 ⊞ ：单击该按钮，可以在当前图层的上面创建一个新图层。

（13）删除图层按钮 🗑 ：单击该按钮，在弹出的提示框中单击"是"按钮，可以删除当前选择的图层。

8.2 图层操作

了解图层的概念后，我们将逐步从新建、复制、删除图层等对图层的基本操作开始，掌握图层的使用方法和功能。

8.2.1 新建普通图层

1. 单击 ⊞ 按钮创建新图层

在 Photoshop 中创建图层的方法有很多种，最常用的方法是单击"图层"面板下方的创建新图层按钮 ⊞ 。

按此方法操作，可以直接在当前操作图层的上方创建一个新图层，在默认情况下，Photoshop 将新建的图层按顺序命名为"图层1""图层2"……依次类推。

> 提示：按住 Alt 键单击创建新图层按钮 ⊞ ，可以弹出"新建图层"对话框；按 Ctrl 键单击创建新图层按钮 ⊞ ，可在当前图层的下方创建新图层。

2. 通过拷贝新建图层

通过当前存在的选区也可以创建新图层，其方法如下。

在当前图层存在选区的情况下，选择"图层"|"新建"|"通过拷贝的图层"命令，即可将当前选区中的图像拷贝至一个新图层中。

我们也可以选择"图层"|"新建"|"通过剪切的图层"命令，将当前选区中的图像剪切到一个新图层中。

如图 8.3 所示是原图中的选区及对应的"图层"面板，如图 8.4 所示是选择"图层"|"新建"|"通过拷贝的图层"命令得到新图层后，变换图层中的图像后的效果，如图 8.5 所示为选择"图层"|"新建"|"通过剪切的图层"命令得到的新图层。

图 8.3

图 8.4

图8.5

8.2.2 新建调整图层

调整图层本身表现为一个图层，其作用是调整图像的颜色，使用调整图层可以对图像试用颜色和色调调整，而不会永久地修改图像中的像素。

所有颜色和色调的调整参数位于调整图层内，调整图层会影响它下面的所有图层，该图层像一层透明膜一样，下层图像图层可以透过它显示出来。我们可在调整图层中通过调整单个图层来校正多个图层，而不是分别对每个图层进行调整。

图8.6所示为原图像（由两个图层合成）及对应的"图层"面板，图8.7所示为在所有图层的上方增加反相调整图层后的效果及对应的"图层"面板，可以看出所有图层中的图像均被反相。

图8.6

图8.7

要创建调整图层，可以单击"图层"面板底部的创建新的填充或调整图层按钮 ，
在其弹出的下拉菜单中选择需要创建的调整图层的类型。

例如，要创建一个将所有图层加亮的调整图层，可以按下述步骤操作。

（1）打开随书所附的素材"第8章\8.2.2-2-素材.psd"。如图8.8所示。在"图层"
面板中选择最上方的图层。

图8.8

（2）单击"图层"面板底部的创建新的填充或调整图层按钮 。

（3）在弹出的菜单中选择"色阶"命令。

（4）在弹出的"色阶"面板中，将灰色滑块与白色滑块向左侧拖动。

完成操作后，可以在"图层"面板最上方看到如图8.9所示的调整图层。

 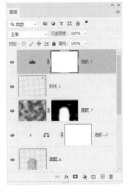

图8.9

> 提示：由于调整图层仅影响其下方的所有可见图层，故在增加调整图层时，图层位置的选择非常重要，在默认情况下调整图层创建于当前选择的图层上方。

可以看出，创建调整图层的过程最重要的是设置相关颜色调整命令的参数，因此

如果要使调整图层发挥较好的作用，关键在于调节调整对话框中的参数。

在使用调整图层时，还可以充分使用调整图层本身所具有图层的灵活性与优点，为调整图层增加蒙版以屏蔽对某些区域的调整，如图 8.10 所示。

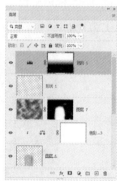

图 8.10

8.2.3 新建填充图层

使用填充图层可以创建填充有"纯色""渐变"和"图案"3 类内容的图层，与调整图层不同，填充图层不影响其下方的图层。

单击"图层"面板底部的创建新的填充或调整图层按钮 ，在其下拉菜单中选择一种填充类型，设置弹出对话框，即可在目标图层之上创建一个填充图层。

（1）选择"纯色"命令，可以创建一个纯色填充图层。

（2）选择"渐变"命令，将弹出如图 8.11 所示的渐变对话框，在此对话框中可以设置填充图层的渐变效果。如图 8.12 所示为创建渐变填充图层所获得的效果及对应的"图层"面板。

图 8.11

图 8.12

（3）选择"图案"命令可以创建图案填充图层，此命令弹出对话框如图 8.13 所示。

图8.13

在对话框中选择图案并设置相关参数后，单击"确定"按钮，即可在目标图层上方创建图案填充图层，如图8.14所示为使用载入的图案所创建的图案图层，并将混合模式设置为"线性加深"、不透明度设置为60%后的效果及对应的"图层"面板。

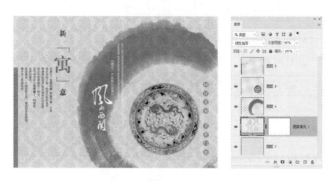

图8.14

8.2.4 新建形状图层

在工具箱中选择形状工具可以绘制几何形状、创建几何形状的路径，还可以创建形状图层。在工具箱中选择形状工具后，选择工具选项栏中的"形状"选项即可创建形状图层。

当我们使用形状工具绘图时，得到的将是形状图层，如图8.15所示为绘制了两个圆形后，创建得到两个对应的图层及"图层"面板状态。

图8.15

> 提示：在一个形状图层上绘制多个形状时，用户在工具选项栏上选择的作图模式不同，因此得到的效果也各不相同。

1. 编辑形状图层

双击形状图层缩览图，在弹出的"拾色器（纯色）"对话框中选择另外一种颜色，即可改变形状图层填充的颜色。

2. 将形状图层栅格化

由于形状图层具有矢量特性，因此在此图层中无法使用对像素进行处理的各种工具与命令，要去除形状图层的矢量特性使其像素化，可以选择"图层"|"栅格化"|"形状"命令，将形状图层转换为普通图层。

3. 将形状图层复制为 SVG 格式

SVG 是一种矢量图形格式，由于它广泛被网页、交互设计所支持，且是一种基于 XML 的语言，也就意味着它继承了 XML 的跨平台性和可扩展性，从而在图形可重用性上迈出了一大步。

从 Photoshop CC 2017 开始，支持快捷的将形状图层复制为 SVG 格式，以便于在其他支持的程序中进行设计和编辑，用户可以在选中一个形状图层后，在其图层名称上右键单击，在弹出的菜单中选择"复制 SVG"命令即可。

8.2.5 选择图层

正确地选择图层是正确操作的前提条件，只有选择了正确的图层，所有基于此图层的操作才有意义。下面将详细讲解 Photoshop 中各种选择图层的方法。

1. 选择一个图层

要选择某一个图层，只需在"图层"面板中单击需要的图层即可，如图 8.16 所示。处于选择状态的图层与普通图层具有一定区别，被选择的图层以蓝底显示。

2. 选择所有图层

使用"选择"|"所有图层"命令可以快速选择除"背景"图层以外的所有图层，其操作方法是按 Ctrl+Alt+A 键或选择"选择"|"所有图层"命令。

3. 选择连续图层

如果要选择连续的多个图层，在选择一个图层后，按住 Shift 键在"图层"面板中单击另一图层的图层名称，则两个图层间的所有图层都会被选中，如图 8.17 所示。

4. 选择非连续图层

如果要选择不连续的多个图层，在选择一个图层后，按住 Ctrl 键在"图层"面板中单击其他图层的图层名称，如图 8.18 所示。

5. 选择链接图层

当要选择的图层处于链接状态时，我们可以选择"图层"|"选择链接图层"命令，此时所有与当前图层存在链接关系的图层都会被选中，如图8.19所示。

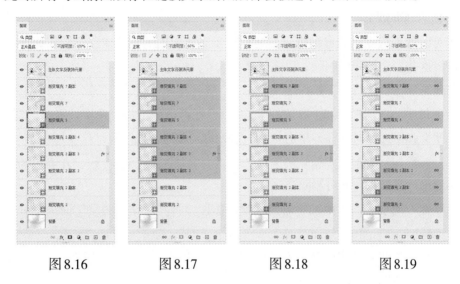

图8.16   图8.17   图8.18   图8.19

6. 利用图像选择图层

除了在"图层"面板中选择图层外，我们还可以直接在图像中使用移动工具 ⊕ 来选择图层，其方法如下。

（1）选择移动工具 ⊕，直接在图像中按住 Ctrl 键单击要选择的图层中的图像。如果已经在此工具的工具选项栏中选择"自动选择"选项，则不必按住 Ctrl 键。

（2）如果要选择多个图层，可以按住 Shift 键直接在图像中单击要选择的其他图层的图像，则可以选择多个图层。

8.2.6 复制图层

要复制图层，可按以下任意一种方法操作。

（1）在图层被选中的情况下，选择"图层"|"复制图层"命令。

（2）在"图层"面板弹出菜单中选择"复制图层"命令。

（3）将图层拖至面板下面的"创建新图层"按钮 ⊞ 上，待高光显示线出现时释放鼠标。

8.2.7 拷贝与粘贴图层

在 Photoshop CC 2024 中，用户可以使用拷贝与粘贴命令，更方便地执行图层的复制操作。具体来说，它可以像拷贝与粘贴图像一样，用户在选中了图层后，按 Ctrl+C 键

或选择"编辑"|"拷贝"命令，即可拷贝图层，然后选择要粘贴图层的目标 位置，按
Ctrl+V键或选择"编辑"|"粘贴"命令即可。多个画板中操作时，此功能尤为实用。

8.2.8 删除图层

在对图像进行操作的过程中，经常会产生一些无用的图层或临时图层，设计完成
后可以将这些多余的图层删除，以降低文件大小。

删除图层可以执行以下操作之一。

（1）单击"图层"面板右上角的按钮▤，在弹出的下拉菜单中选择"删除图层"
命令，就会弹出提示对话框，单击"是"按钮即可删除该图层。

（2）选择一个或多个要删除的图层，单击"删除图层"按钮 🗑，在弹出的提示对
话框中单击"是"按钮即可删除该图层。

（3）在"图层"面板中选中需要删除的图层并将其拖至"图层"面板下方的"删
除图层"按钮 🗑 上即可。

（4）如果要删除处于隐藏状态的图层，可以选择"图层"|"删除"|"隐藏图层"
命令，在弹出的提示对话框中单击"是"按钮。

（5）在当前没有选区且选择移动工具 ✛ 的情况下，按Delete键即可删除当前所选
图层。

8.2.9 设置图层不透明度属性

通过设置图层的不透明度值可以改变图层的透明度，当图层不透明度为100%时，
当前图层完全遮盖下方的图层，如图8.20所示。

图8.20

当不透明度小于100%时，可以隐约显示下方图层的图像，如图8.21所示是设置
不透明度为50%时的效果。

图 8.21

8.3 对齐或分布图层

通过对齐或分布图层操作，可以使分别位于多个图层中的图像规则排列，这一功能对于排列分布于多个图层中的网页按钮或小标志特别有用。

在按下述方法执行对齐或分布图层操作前，需要将对齐及分布的图层链接起来，或同时选中多个图层。

8.3.1 对齐图层

在选中两个或更多个图层后，执行"图层"｜"对齐"命令下的子菜单命令，或移动工具选项栏上的各个对齐按钮，可以将所有选中图层的内容相互对齐。

下面以移动工具选项栏上的对齐按钮为例，讲解其用法。

（1）顶对齐▇：可以将选中图层的最顶端像素与当前图层的最顶端像素对齐。

（2）垂直居中对齐▇：可以将选中图层垂直方向的中心像素与当前图层垂直方向的中心像素对齐。

（3）底对齐▇：可以将选中图层的最底端像素与当前图层的最底端像素对齐。

（4）左对齐▇：可以将选中图层的最左侧像素与当前图层的最左侧像素对齐。

（5）水平居中对齐▇：可以将选中图层水平方向的中心像素与当前图层水平方向的中心像素对齐。

（6）右对齐▇：可以将选中图层的最右侧像素与当前图层的最右侧像素对齐。

如图 8.22 所示为未对齐前的状态及对应的"图层"面板。如图 8.23 所示为单击左对齐▇后的效果。

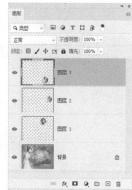

图 8.22

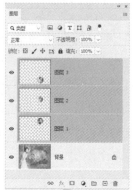

图 8.23

8.3.2 分布图层

在选中3个或更多的图层时，执行"图层"|"分布"命令下的子菜单命令，或移动工具项栏上的各个分布按钮，可以将选中图层的图像位置以某种方式重新分布。

下面以移动工具选项栏上的分布按钮为例，讲解其用法。

（1）按顶分布▤：从每个图层的顶端像素开始，间隔均匀地分布图层。

（2）垂直居中分布▤：从每个图层的垂直中心像素开始，间隔均匀地分布图层。

（3）按底分布▤：从每个图层的底端像素开始，间隔均匀地分布图层。

（4）按左分布▥：从每个图层的左端像素开始，间隔均匀地分布图层。

（5）水平居中分布▥：从每个图层的水平中心像素开始，间隔均匀地分布图层。

（6）按右分布▥：从每个图层的右端像素开始，间隔均匀地分布图层。

如图8.24所示为对齐与分布前的图像及对应的"图层"面板。如图8.25所示为将上面的三个图层选中，单击水平居中分布按钮▥后的效果及对应的"图层"面板。

图8.24

图8.25

8.3.3 合并图层

通过合并图层、图层组，可以将多个图层合并到一个目标图层，从而降低文件的大小，使图层更易于管理。

在Photoshop中，可根据不同情况应该选择以下3种不同的合并图层的方法。

1. 向下合并

如果需要将当前图层与其下方的图层合并，可以在"图层"面板弹出菜单中选择"向下合并"命令或选择"图层"|"向下合并"命令。

> 提示：合并时应确保需要合并的两个图层都处于显示状态下。

2. 合并可见图层

如要一次性合并图像中所有可见图层，可以选择"图层"|"合并可见图层"命令或从"图层"面板弹出菜单中选择"合并可见图层"命令。

3. 拼合图像

选择"图层"|"拼合图像"命令，或从"图层"面板弹出菜单中选择"拼合图像"命令，可以合并所有图层。

在执行此操作的过程中，如果当前面板中存在隐藏图层，将弹出提示对话框，单击"确定"按钮将删除隐藏图层并拼合所有图层。

8.4 图层组及嵌套图层组

图层组的使用方法有些类似于文件夹，即用于保存同一类图层。例如，可以将文字类图层放于一个图层组中，线条类图像的图层放于一个图层组，从而使我们对这些图层的管理更容易。另外，通过复制、删除图层组，可以非常方便地复制或删除该图层组所保存的所有图层。

8.4.1 新建图层组

单击"图层"面板下方的创新建组按钮 ▢ ，即可在当前操作图层的上方创建一个新的图层组。

默认情况下，Photoshop 将新的图层组命名为"组1"，再次使用此方法创建图层组时，则各个图层组的名称将依次类推被命名为"组2""组3"……

8.4.2 复制与删除图层组

要复制整个图层组，可在图层组被选中的情况下，选择"图层"|"复制组"命令，或在"图层"面板弹出菜单中选择"复制组"命令。

我们也可以将图层组拖至面板上创建新图层按钮 ⊞ 上，待高光显示线出现时释放左键。

要删除图层组，可将目标图层组拖移至"图层"面板下面的删除图层按钮 🗑 上。

8.4.3 嵌套图层组

嵌套图层组是指一个图层组中可以包含另外一个或多个图层组，使用嵌套图层组可以使图层的管理更加高效。

如图 8.26 所示是一个非常典型的多级嵌套图层组，我们将嵌套于某一个图层组中的图层组称为"子图层组"。

在不同状态下，可按照下面的方法创建嵌套图层组。

（1）当一个图层组中已经有了图层（至少一个），在选中该图层组中图层的情况下，单击"创建新组"按钮 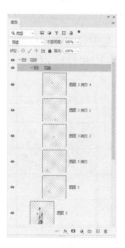，即可在当前图层中创建一个子图层组。

图8.26

（2）在执行复制图层操作时（将图层组拖至"创建新组"按钮 上），原图层组将成为复制得到的新图层组的子图层组。

（3）选中一个图层组，按住Ctrl键单击"创建新组"按钮 ，即可在当前图层组内创建一个嵌套图层组。

（4）将要作为子图层组的图层组选中，并拖至目的图层的图层名称上，当该图层名称反白显示时，释放鼠标即可。

8.5 画板

画板功能较早出现于Adobe Illustrator软件中，现被融合至Photoshop软件中，这也是自Photoshop CC 2015开始才有的一项重要功能，本节将详细讲解画板功能的概念及其使用方法。

8.5.1 画板的概念与用途

在Photoshop中，画板功能可用于界定图像的显示范围，且可以通过创建多个画板，以满足设计师在同一图像文件中，设计多个页面或多个方案等需求。

在设计移动设备应用程序的界面时，常常要设计多个不同界面下的效果图，在以前，用户只能够将其保存在不同的文件中，或保存在同一文件的不同图层组中，这样

中文版Photoshop CC标准教程

不仅操作起来非常麻烦，在查看和编辑时也极为烦琐，而使用画板功能可以在同一图像文件中创建多个画板，每个画板用于设计不同的界面，如图8.27所示。

从画板提供的功能及参数等方面来看，主要是针对网络与移动设备的UI设计领域为主，但通过灵活的运用，也可以在平面设计、图像处理等领域中发挥作用。例如图8.28所示是在同一图像文件中，利用画板功能分别设计一个海报的正面与反面时的效果。

图8.27　　　　　　　　　　　　图8.28

8.5.2　画布与画板的区别

在本书第1章已经讲解过，画布是用于界定当前文档的范围，默认情况下，超出画布的图像都会被隐藏，从这一角度来说，画布与画板的功能是相同的。

二者的不同之处在于，在没有画板的情况下，画布是界定图像范围的唯一标准，而创建了画板之后，它将取代画布成为新的界定图像范围的标准。

与画布相比，画板功能的强大之处在于，在一个图像中，画布是唯一的，其示意图如图8.29所示，而画板（据官方说法）是无限的，其示意图如图8.30所示，用户可通过在同一文件中创建多个画板，并分别在各画板中设计不同的内容，以便于进行整体的浏览、对比和编辑，如前所述，这对于网页及界面设计来说，是非常有用的功能。

 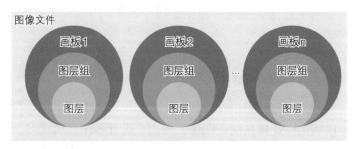

图8.29　　　　　　　　　　　　图8.30

186

8.5.3 创建新画板

在新建文档时，若选中其中的"画板"选项，即可自动创建一个新的画板，除此之外，还可以使用以下方法创建新画板：选择画板工具 ⼚.并在文档内部拖动，以绘制一个范围，即画板的尺寸，即可创建得到新画板。

以图 8.31 所示的素材为例，如图 8.32 所示是在中间的主体图像内部绘制新画板后的状态。

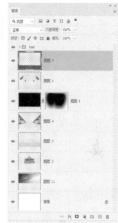

图 8.31

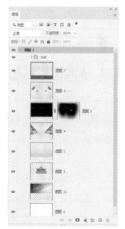

图 8.32

另外，在当前存在至少一个画板时，选中任意一个画板，就会在其周围显示添加画板按钮 ◎，如图 8.33 所示，单击此按钮即可在对应的位置创建与当前所选画板大小相同的新画板，如图 8.34 所示。

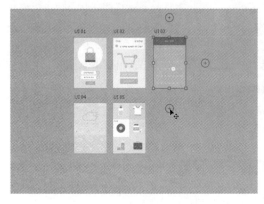
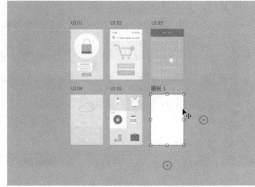

图 8.33   图 8.34

对比创建画板前后的效果，有以下几点需要注意：

（1）创建新画板后，会在现有的全部图层及图层组上方，增加一级特殊的图层组，即"画板 1"，用于装载当前画板中的内容。

（2）创建新画板后，会自动在当前画板底部添加一个填充为白色的颜色填充图层，用户可双击其缩略图，在弹出的对话框中重新设置其颜色。

（3）创建新画板后，图层缩略图中原本显示为透明的区域，自动变为白色，但其中的图像仍然是具有透明背景的，并没有被填充颜色。

（4）超出画板的内容并没有被删除，只是由于超出画板的范围，因此没有显示出来。

8.5.4 依据图层对象转换画板

在选中的一个或多个图层后，在图层名称上单击右键，在弹出的菜单中选择"来自图层的画板"命令，将弹出如图 8.35 所示的对话框。

图 8.35

在"从图层新建画板"对话框中，可根据需要选择预设的尺寸，或手动输入"宽度"及"高度"数值，然后单击"确定"按钮即可。

8.5.5 移动画板

在 Photoshop 中，用户可根据需要任意调整画板的位置，且画板中的内容也会随之移动。

在"图层"面板中选中一个或多个画板后，如图 8.36 所示，将光标置于要移动的画板内部，按住鼠标左键拖动，即可移动画板，如图 8.37 所示。

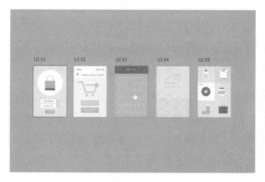
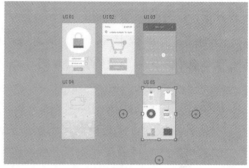

图 8.36 图 8.37

> 提示：当选中单个画板时，会自动切换至画板工具 ，此时必须将光标置于画板内部拖动，才可以移动画板；当选中多个画板时，会自动切换至移动工具 ，此时可将光标置于任意位置拖动，即可移动画板。

8.5.6 调整画板大小

在"图层"面板中选中一个画板后，会自动切换至画板工具 ，在其工具选项栏中可以设置当前画板的大小，如图 8.38 所示，用户可根据需要选择预设的尺寸，或手动输入"宽度"及"高度"数值即可。

图 8.38

另外，在选中一个画板后，会在其周围显示画板控制框，用户可以直接拖动该控制框以调整画板的大小。

8.5.7 复制画板

要复制画板，可以根据需要执行以下操作之一：

（1）在"图层"面板中选中一个或多个要复制的画板，然后按住 Alt 键拖动至目标位置即可。

（2）在"图层"面板中选择需要复制的画板，将其拖动至创建新图层按钮⬚上，即可复制画板。

（3）选中要复制的画板，然后在其名称上单击右键，在弹出的菜单中选择"复制画板"命令，或直接选择"图层"｜"复制画板"命令，在弹出的对话框中可以设置复制的画板名称及目标文档的位置。

8.5.8 更改画板方向

在"图层"面板中选择一个画板后，在工具选项栏中可以单击制作纵版按钮⬚或制作横版按钮⬚，以改变画板的方向。

8.5.9 重命名画板

重命名画板的方法与重命名图层或图层组是相同的，用户可直接在画板名称上双击，待其名称变为可输入状态后，输入新的名称并按 Enter 键确认即可。

8.5.10 分解画板

分解画板是指删除所选的画板，但保留其中的内容。要分解画板，可以按 Ctrl+Shift+G 键或选择"图层"｜"取消画板编组"命令即可。

8.5.11 将画板导出为图像

在创建多个画板并完成设计后，要将其导出成为图像以供预览或印刷，可以按照下面的方法操作。

1. 快速导出为 PNG

选择"文件"｜"导出"｜"快速导出为 PNG"命令，在弹出的对话框中选择文件要保存的路径，即可按照画板的名称及默认的参数，将各个画板中的内容导出为 PNG 格式的图像。

2. 高级导出设置

按 Ctrl+Alt+Shift+W 键或选择"文件"｜"导出"｜"导出为"命令，将调出类似如图 8.39 所示的对话框。

在"导出为"对话框中，左侧可选择各个画板，在中间进行预览，然后在右侧设置导出的格式及相关的宽度、高度、分辨率、画布大小等参数。

> 提示：使用上述的"快速导出为 PNG"及"导出为"命令时，对于不包含在任何画板中的图像，不会进行导出。另外，若文档中不存在任何的画板，则会将当前的图像以画布尺寸导出为 PNG 图像。

图8.39

8.5.12 导出选中图层/画板中的内容

若要只导出当前选中的图层或画板中的内容为图像，可以在"图层"菜单中选择"快速导出为PNG"命令或"导出为"（快捷键为Ctrl+Alt+Shift+W）命令，从而将选中图层或画板中的图像，导出为PNG或自定义的格式，其使用方法与"文件"｜"导出"子菜单中的命令相同，故不再详细讲解。

8.6 剪贴蒙版

剪贴蒙版通过使处于下方图层的形状限制上方图层的显示状态，来创造一种剪贴画的效果。如图8.40所示为创建剪贴蒙版前的图层效果及"图层"面板状态，如图8.41所示为创建剪贴蒙版后的效果及"图层"面板状态。

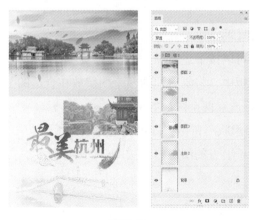

图8.40

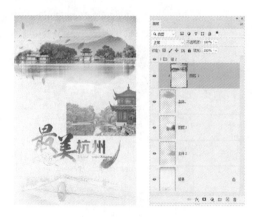

图 8.41

可以看出建立剪贴蒙版后，两个剪贴蒙版图层间出现点状线，而且上方图层的缩览图被缩进，这与普通图层不同。如果需要还可以创建有多个图层的剪贴蒙版，如图8.42所示。

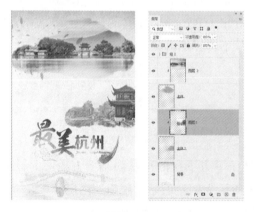

图 8.42

8.6.1 创建剪贴蒙版

要创建剪贴蒙版，可以按下述步骤操作。

（1）在"图层"面板中，将要剪切的两个图层放在合适的上下层位置上。

（2）按 Alt 键将光标放在两个图层的中间。

（3）当光标变为 ↓□ 形状时单击，即可创建剪贴蒙版效果。

我们也可以选择处于上方的图层然后按 Alt+Ctrl+G 键。

8.6.2 取消剪贴蒙版

要取消上下两个图层的剪切关系，再次按 Alt 键将光标放在两个图层的中间，当光

标变为 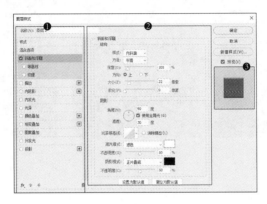形状时单击，即可取消剪贴蒙版的关系。

8.7　图层样式

简单地说，"图层样式"就是一系列能够为图层添加特殊效果，如浮雕、描边、内发光、外发光、投影的命令。下面分别介绍各个图层样式的使用方法。

在"图层样式"对话框中共集成了10种各具特色的图层样式，但该对话框的总体结构大致相同，在此以图8.43所示的"斜面和浮雕"图层样式参数设置为例，讲解"图层样式"对话框的大致结构。

图8.43

可以看出，"图层样式"对话框在结构上分为以下三个区域。

（1）图层样式列表区：在该区域中列出了所有图层样式，如果要同时应用多个图层样式，只需要勾选图层样式名称左侧的选框即可；如果要对某个图层样式的参数进行编辑，直接单击该图层样式的名称，即可在对话框中间的选项区显示出其参数设置。用户还可以将其中部分图层样式进行叠加处理。

（2）图层样式选项区：在选择不同图层样式的情况下，该区域会即时显示出与之对应的参数设置。

（3）图层样式预览区：在该区域中可以预览当前所设置的所有图层样式叠加在一起时的效果。

设置为默认值、复位为默认值：前者可以将当前的参数保存成为默认的数值，以便后面应用，而后者则可以复位到系统或之前保存过的默认参数。

值得一提的是，在Photoshop中，除了单个图层外，还可以为图层组添加图层样式，以满足用户多样化的处理需求。

8.7.1 "斜面和浮雕"图层样式

如图 8.44 所示为添加"斜面和浮雕"样式前的效果，将两侧文字的填充值设置为 0%，选中"斜面和浮雕"选项，在弹出的对话框中设置其参数，为图层添加斜面和浮雕效果，如图 8.45 所示。

在"斜面和浮雕"选项的下方有"等高线"和"纹理"两个选项。选中"等高线"复选框，为图像再添加一次等高线效果，使其边缘效果更加明显。选中"纹理"复选框，则可以为图像添加具有纹理的斜面和浮雕效果，如图 8.46 所示。

图 8.44　　　　　　　　图 8.45　　　　　　　　图 8.46

8.7.2 "描边"图层样式

在"图层"面板中单击添加图层样式按钮 _fx_ ，在弹出的菜单中选择"描边"选项，设置弹出的对话框，可以得到在图像的周围描绘纯色或渐变线条的效果，如图 8.47 所示为给文字图层添加描边的前后对比效果。

图 8.47

8.7.3 "内阴影"图层样式

在"图层"面板中单击添加图层样式按钮 fx，在弹出的菜单中选择"内阴影"选项，设置弹出的对话框，即可得到具有内阴影图层样式的效果，如图8.49所示为原图及添加"内阴影"图层样式后的效果，内阴影图层样式增强了相框的层次感，如图8.49所示。

图8.48　　　　　　　　　　　　图8.49

8.7.4 "外发光"与"内发光"图层样式

使用"外发光"图层样式，可为图层增加发光效果。此类效果常用于具有较暗背景的图像中，以创建一种发光的效果。

使用"内发光"图层样式，可以在图层中增加不透明像素内部的发光效果。该样式的对话框与"外发光"样式相同。

"内发光"及"外发光"图层样式常被组合在一起使用，以模拟一个发光的物体。如图8.50所示为添加图层样式前的效果，如图8.51所示为添加"外发光"图层样式后的效果，如图8.52所示为添加"内发光"图层样式后的效果。

图8.50

图8.51 图8.52

8.7.5 "光泽"图层样式

使用"光泽"图层样式，可以在图层内部根据图层的形状应用投影，常用于创建光滑的磨光及金属效果。如图8.53所示为添加"光泽"图层样式前后的对比效果。

（a）添加"光泽"图层样式前 （b）添加"光泽"图层样式后

图8.53

8.7.6 "颜色叠加"图层样式

此图层样式的功能非常简单，只能为当前图层中图像叠加一种颜色，由于其参数非常简单，故在此不做重点讲解。

8.7.7 "渐变叠加"图层样式

在"图层"面板中单击添加图层样式按钮 *fx*，在弹出的菜单中选择"渐变叠加"选项，可以为图像叠加渐变效果，如图8.54所示为将图像中的文字应用"渐变叠加"的前后对比效果。

图 8.54

8.7.8 "图案叠加"图层样式

在"图层"面板中单击添加图层样式按钮 *fx*，在弹出的菜单中选择"图案叠加"选项，可以得到为图像添加叠加图案的效果，如图 8.55 所示。

图 8.55

8.7.9 "外发光"图层样式

在"图层"面板中单击添加图层样式按钮 *fx*，在弹出的菜单中选择"外发光"选项，如图 8.56 所示为使用外发光后的效果。

图 8.56

8.7.10 "投影"图层样式

在"图层"面板中单击添加图层样式按钮 fx，在弹出的菜单中选择"投影"命令选项，如图8.57所示为原图及添加投影样式后的效果。

图8.57

8.7.11 复制、粘贴、删除图层样式

如果两个图层需要设置相同的图层样式，可以通过复制与粘贴图层样式以减少重复性工作。要复制图层样式，可以按下述步骤进行操作：

（1）在"图层"面板中选择包含要复制的图层样式的图层。

（2）执行"图层"|"图层样式"|"拷贝图层样式"命令，或者在图层上单击鼠标右键，在弹出的菜单中选择"拷贝图层样式"命令。

（3）在"图层"面板中选择需要粘贴图层样式的目标图层。

（4）执行"图层"|"图层样式"|"粘贴图层样式"命令，或者在图层上单击鼠标右键，在弹出的菜单中选择"粘贴图层样式"命令。

除使用上述方法外，还可以按住Alt键将图层样式直接拖动至目标图层中，这样也可以起到复制图层样式的目的。若拖动的是"效果"则复制所有图层样式，如图8.58所示；若拖动的是某一个图层样式，则只复制该图层样式。

> **提示**：此时如果没有按住Alt键直接拖动图层样式，则相当于将原图层中的图层样式剪切到目标图层中。

对于图层样式的删除操作较为简单，使用鼠标将图层样式图标拖到删除图层按钮 🗑 上即可完成删除操作图层样式，或者在图层名称上右键单击，在弹出菜单中选择"清除图层样式"命令即可。

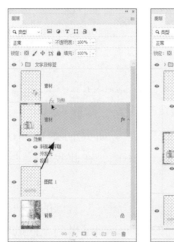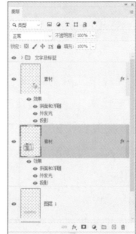

图8.58

8.8 设置填充透明度

与图层的不透明度不同，图层的"填充"透明度仅改变在当前图层上使用绘图类绘制得到的图像的不透明度，不会影响图层样式的透明效果。

如图8.59所示为一个具有图层样式的图层，如图8.60所示为将图层不透明度改变为50%时的效果，如图8.61所示为将填充透明度改变为50%的效果。

可以看出，在改变填充透明度后，图层样式的透明度不会受到影响。

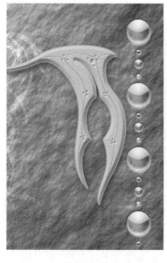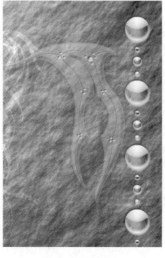

图8.59   图8.60   图8.61

8.9 图层的混合模式

在Photoshop中，混合模式分为工具的混合模式和图层的混合模式，在工具箱中选择画笔工具 ✐、渐变工具 ▥、图案图章工具 ✖、涂抹工具 ✐ 等工具后，在其相应的工具选项栏中都能设置其混合模式，在"图层"面板中除背景图层外的其他图层都能设置其混合模式。这两者之间并没有本质的不同，在此我们以"图层"面板中的混合模式来讲解其功能与用法。

在当前操作图层中，单击"图层"面板"正常"右侧的双向三角按钮 ⌄，将弹出混合模式下拉列表，通过在此选择不同的选项，即可得到不同的混合效果。各个混合模式的意义如下所述。

（1）正常：选择此选项，上方的图层完全遮盖下方的图层。

（2）溶解：选择此选项，将创建像素点状效果。

（3）变暗：选择此选项，将显示上方图层与其下方图层相比较暗的色调处。

（4）正片叠底：选择此选项，将显示上方图层与其下方图层的像素值中较暗的像素合成的效果。

（5）颜色加深：选择此选项，将创建非常暗的阴影效果。

（6）线性加深：选择此选项，Photoshop将对比查看上下两个图层的每一个颜色通道的颜色信息，加暗所有通道的基色，并通过提高其他颜色的亮度来反映混合颜色。

（7）深色：选择此选项，可以依据图像的饱和度，用当前图层中的颜色直接覆盖下方图层中的暗调区域颜色。

（8）变亮：选择此选项，则以较亮的像素代替下方图层中与之相对应的较暗像素，且下方图层中的较亮区域代替画笔中的较暗区域，因此叠加后整体图像呈亮色调。

（9）滤色：选择此选项，在整体效果上显示由上方图层及下方图层的像素值中较亮的像素合成的图像效果。

（10）颜色减淡：选择此选项，可以生成非常亮的合成效果，其原理为上方图层的像素值与下方图层的像素值采取一定的算法相加，此模式通常被用于创建极亮的效果。

（11）线性减淡（添加）：选择此选项，查看每一个颜色通道的颜色信息，加亮所有通道的基色，并通过降低其他颜色的亮度来反映混合颜色，此模式对于黑色无效。

（12）浅色：选择此选项，与"深色"模式刚好相反，选择此模式，可以依据图像的饱和度，用当前图层中的颜色直接覆盖下方图层中的高光区域颜色。

（13）叠加：选择此选项，图像最终的效果取决于下方图层。但上方图层的明暗对比效果也将直接影响到整体效果，叠加后下方图层的亮度区与阴影区仍被保留。

（14）柔光：选择此选项，使颜色变亮或变暗，具体效果取决于上下两个图层的像素的亮度值。如果上方图层的像素比50%灰色亮，则图像变亮；反之，则图像变暗。

（15）强光：选择此选项，叠加效果与柔光类似，但其加亮与变暗的程度较柔光模式更大。

（16）亮光：选择此选项，如果混合色比50%灰度亮，图像通过降低对比度来加亮图像，反之通过提高对比度来使图像变暗。

（17）线性光：选择此选项，如果混合色比50%灰度亮，则通过提高对比度来加亮图像，反之，通过降低对比度来使图像变暗。

（18）点光：选择此选项，将通过置换颜色像素来混合图像，如果混合色比50%灰度亮，则比源图像暗的像素会被置换，而比源图像亮的像素无变化；反之，比源图像亮的像素会被置换，而比源图像暗的像素无变化。

（19）实色混合：选择此选项，将会根据上下图层中图像的颜色分布情况，取两者的中间值，对图像中相交的部分进行填充，利用该混合模式可制作出强对比度的色块效果。

（20）差值：选择此选项，可从上方图层中减去下方图层相应处像素的颜色值，此模式通常使图像变暗并取得反相效果。

（21）排除：选择此选项，可创建一种与差值模式相似但对比度较低的效果。

（22）减去：选择此选项，可以使用上方图层中亮调的图像隐藏下方的内容。

（23）划分：选择此选项，可以在上方图层中加上下方图层相应处像素的颜色值，通常用于使图像变亮。

（24）色相：选择此选项，最终图像的像素值由下方图层的亮度与饱和度值及上方图层的色相值构成。

（25）饱和度：选择此选项，最终图像的像素值由下方图层的亮度和色相值及上方图层的饱和度值构成。

（26）颜色：选择此选项，最终图像的像素值由下方图层的亮度及上方图层的色相和饱和度值构成。

（27）明度：选择此选项，最终图像的像素值由下方图层的色相和饱和度值及上方图层的亮度构成。

如图8.62所示的两幅素材图像为例，当两幅图像分别以上述混合模式相互叠加后的效果，如图8.63所示。

图 8.62

图 8.63

8.10 智能对象

在前面的讲解中已经了解到，图层是图像的载体，而每个图层都只能装载一幅图像。智能对象图层则不同，它可以像每个 PSD 格式图像文件一样装载多个图层的图像，从这一点来说，它与图层组的功能有些相似，即都用于装载图层。不同的是，智能对象图层是以一个特殊图层的形式来装载这些图层的。

8.10.1 智能对象的基本概念及特点

如图 8.64 所示的图层 "金鸡贺岁" 就是一个智能对象图层。从外观上看，智能对象图层最明显的特殊之处就在于其图层缩览图右下角的 🖼️ 标志。

在编辑智能对象图层的内容时，会将其中的内容显示于一个新的图像文件中，可以像编辑其他图像文件那样，在其中进行新建或者删除图层、调整图层的颜色、设置图层的混合模式、添加图层样式、添加图层蒙版等操作。图8.65所示就是智能对象"金鸡贺岁"中包括的大量图层。

图8.64

图8.65

除了位图图像外，智能对象包括的内容还可以是矢量图形。也正是由于智能对象图层的特殊性，它也拥有其他图层所不具备的优点：

（1）无损缩放：如果在Photoshop中对图像进行频繁的缩放，会引起图像信息的损失，最终导致图像变得越来越模糊。但如果我们将一个智能对象在100%比例范围内进行频繁缩放，则不会使图像变得模糊，因为我们并没有改变外部的子文件的图像信息。当然，如果我们将智能对象放大超过100%，仍然会对图像的质量有影响，其影响效果等同于直接将图像进行放大。

（2）支持矢量图形：我们可以使用 AI、EPS 等格式的矢量素材图形，帮助我们提高作品的质量。而使用这些格式的图形时，最好的选择就是使用智能对象，即将矢量图形以智能对象的形式粘贴至 Photoshop 中，在不改变矢量图形内容的情况下，还可以保留其原有的矢量属性，以便于返回至矢量软件中进行编辑。

（3）智能滤镜：所谓的智能滤镜，是指对智能对象图层应用滤镜，并保留滤镜的参数，以便于随时进行编辑、修改。

（4）记录变形参数：在将图层转换为智能对象的情况下，选择"编辑"|"变换"|"变形"命令进行的所有变形处理，都可以被智能对象记录下来，以便于进行编辑和修改。

（5）便于管理图层：当我们面对一个较复杂的 Photoshop 文件时，可以将若干个图层保存为智能对象，从而降低 Photoshop 文件中图层的复杂程度，使我们更便于管理并操作 Photoshop 文件。

8.10.2　创建链接式与嵌入式智能对象

从 Photoshop CC 2015 开始，创建的智能对象可分为新增的"链接式"与传统的"嵌入式"。下面分别讲解其操作方法。

1. 链接与嵌入的概念

在学习链接式与嵌入式智能对象之前，用户应该先了解对象的链接与嵌入的概念。

链接式智能对象会保持智能对象与原图像文件之间的链接关系，其好处在于当前的图像与链接的文件是相对独立的，可以分别对它们进行编辑处理，但缺点就是，链接的文件一定要一直存在，若移动了位置或删除，则在智能对象上会提示链接错误，如图 8.66 所示，导致无法正确输出和印刷。

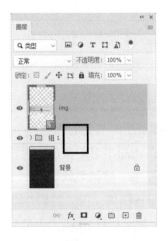

图 8.66

相对较为保险的方法，就是将链接的对象嵌入到当前文档中，虽然这样做会导致增加文件的大小，但由于图像已经嵌入，因此无需担心链接错误等问题。在有需要时，也可以将嵌入的对象取消嵌入，将其还原为原本的文件。

2. 创建嵌入式智能对象

可以通过以下方法创建嵌入式智能对象。

（1）选择"文件"｜"置入嵌入的智能对象"命令。

（2）使用"置入"命令为当前工作的 Photoshop 文件置入一个矢量文件或位图文件，甚至是另外一个有多个图层的 Photoshop 文件。

（3）选择一个或多个图层后，在"图层"面板中选择"转换为智能对象"命令或选择"图层"｜"智能对象"｜"转换为智能对象"命令。

（4）在 Illustrator 软件中复制矢量对象，然后在 Photoshop 中粘贴对象，在弹出的对话框中选择"智能对象"选项，单击"确定"按钮退出对话框即可。

（5）使用"文件"｜"打开为智能对象"命令将一个符合要求的文件直接打开成为一个智能对象。

（6）从外部直接拖入到当前图像的窗口内，即可将其以智能对象的形式嵌入到当前图像中。

通过上述方法创建的智能对象均为嵌入式，此时，即使外部文件被编辑，其修改也不会反映在当前图像中。如图 8.67 所示为原图像，如图 8.68 所示是对应的"图层"面板。选择除图层"背景"以外的所有图层，然后执行"图层"｜"智能对象"｜"转换为智能对象"命令，此时的"图层"面板如图 8.69 所示。

图 8.67

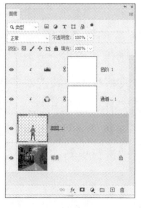
图 8.68

图 8.69

3. 创建链接式智能对象

链接式智能对象它可以将一个图像文件以链接的形式置入到当前图像中，从而成

为一个链接式智能对象，其特点就在于，若要创建链接式的智能对象，可以选择"文件"|"置入链接的智能对象"命令，在弹出的对话框中打开要处理的图像即可。以图8.70所示的素材为例，如图8.71所示是在其中以链接方式置入一个图像文件后的效果，及其对应的"图层"面板，该图层的缩略图上会显示一个链接图标。

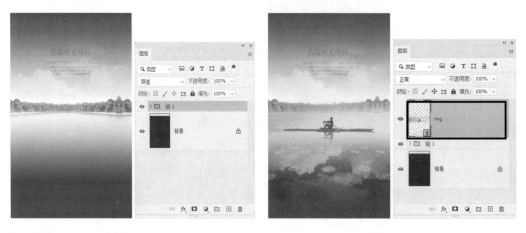

图8.70   图8.71

8.10.3 编辑智能对象的源文件

智能对象的优点是能够在外部编辑智能对象的源文件，并使所有改变反映在当前工作的Photoshop文件中。要编辑智能对象的源文件，可以按照以下的操作。

（1）直接双击智能对象图层。

（2）执行"图层"|"智能对象"|"编辑内容"命令。

（3）在"图层"面板菜单中选择"编辑内容"命令，弹出提示对话框。直接单击"确定"按钮，进入智能对象的源文件中。

在源文件中进行修改操作，执行"文件"|"存储"命令保存所做的修改，然后关闭此文件即可，所做的修改将反映在智能对象中。

以上的智能对象编辑操作，适用于嵌入式与链接式智能对象。值得一提的是，对于链接式智能对象，除了上述方法外，也可以直接编辑其源文件，在保存修改后，图像文件中的智能对象会自动进行更新。

8.10.4 转换嵌入式与链接式智能对象

在Photoshop中，嵌入式与链接式智能对象是可以相互转换的，下面分别来讲解其具体操作方法。

1. 将嵌入式智能对象转换为链接式

要将嵌入式的智能对象转换为链接式的智能对象，可以执行以下操作之一：

（1）选择"图层"｜"智能对象"｜"转换为链接对象"命令。

（2）在智能对象图层的名称上单击右键，在弹出的菜单中选择"转换为链接对象"命令。

执行上述任意一个操作后，在弹出的对话框中选择文件保存的名称及位置，然后保存即可。

2. 将链接式智能对象转换为嵌入式

若要将链接式智能对象转换为嵌入式，可以执行以下操作之一：

（1）选择"图层"｜"智能对象"｜"嵌入链接的智能对象"命令。

（2）在智能对象图层的名称上单击右键，在弹出的菜单中选择"嵌入链接的智能对象"命令。

执行上述任意一个操作后，即可嵌入所选的智能对象。

3. 嵌入所有的智能对象

若要将当前图像文件中所有的链接式智能对象转换为嵌入式，可以选择"图层"｜"智能对象"｜"嵌入所有链接的智能对象"命令。

8.10.5　解决链接式智能对象的文件丢失问题

如前所述，链接式对象的缺点之一，就是可能会出现链接的图像文件丢失的问题，并在打开该图像文件时，会弹出类似如图8.72所示的对话框，询问是否进行修复处理。

图 8.72

单击对话框中的"重新链接"按钮，在弹出的对话框中重新指定链接的文件即可；若是已经退出上述对话框，则可以直接双击丢失了链接的智能对象的缩略图，在弹出的对话框中重新指定链接的文件即可。

> 提示：将智能对象文件与图像文件置于同一级目录下，在打开时可自动找到链接的文件。

8.10.6 复制智能对象

可以在Photoshop文件中对智能对象进行复制以创建一个新的智能对象。新的智能对象可以与原智能对象处于一种链接关系，也可以是一种非链接关系。

如果两者保持一种链接关系，则无论修改两个智能对象中的哪一个，都会影响到另一个。反之，如果两者处于非链接关系，则之间没有相互影响的关系。

如果希望新的智能对象与原智能对象处于一种链接关系，可以执行下面的操作。

（1）打开随书所附的素材"第8章\8.10.6–素材.psd"，选择智能对象图层。

（2）执行"图层"|"新建"|"通过拷贝的图层"命令，也可以直接将智能对象图层拖动至"图层"面板底部的"创建新图层"按钮 回 上。

如图8.73所示就是按照上面讲解的方法，复制多个智能对象图层并对其中的图像进行缩放及适当排列后所得到的效果。

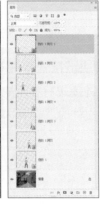

图8.73

如果希望新的智能对象与原智能对象处于一种非链接关系，可以执行下面的操作。

（1）选择智能对象图层。

（2）执行"图层"|"智能对象"|"通过拷贝新建智能对象"命令。

这种复制智能对象的好处就在于复制得到的智能对象虽然在内容上都是相同的，但它们却都相对独立，此时如果编辑其中一个智能对象的内容，其他以此种方式复制得到的智能对象不会发生变化。而使用前面一种方法复制得到的智能对象，在修改其中一个智能对象的内容后，则所有相关的智能对象都会发生相同的变化。

8.10.7 栅格化智能对象

由于智能对象具有许多编辑限制，因此如果希望对智能对象进行进一步编辑（如使用滤镜命令对其进行操作等），则必须要将其栅格化，即转换成为普通的图层。

选择智能对象图层后，执行"图层"|"智能对象"|"删格化"命令，即可将智能对象图层转换成为普通图层。

8.11 习题

1. 选择题

1.要在当前图层下方新建图层，应该按（ ）键单击创建新图层按钮 ⊞ 。

A. Alt   B. Ctrl   C. Alt+Shift   D. Ctrl+N

2.单击"图层"面板上当前图层左边的眼睛图标，结果是：（ ）

A. 当前图层被锁定   B. 当前图层被隐藏

C. 当前图层会以线条稿显示   D. 当前图层被删除

3.下列可用于向下合并图层的快捷键是：（ ）

A. Ctrl+E 键   B. Ctrl+shift+E 键

C. Ctrl+F 键   D. Ctrl+Alt+E 键

4.在选中多个图层（不含背景图层）后，不可执行的操作是：（ ）

A. 编组   B. 删除

C. 转换为智能对象   D. 填充

5.要对齐图层中的图像，首先应（ ）

A.选中要对齐的图层   B.绘制选区将要对齐的图像选中

C.将要对齐的图层链接起来   D.将要对齐的图层合并

6.下列操作不能删除当前图层的是：（ ）

A.用鼠标将此图层拖至删除图层按钮 🗑 上

B.在"图层"面板菜单中选"删除图层命"令

C.在有选区时直接按 Delete 键

D.直接按 Esc 键

7.在 Photoshop 中提供了哪些图层合并方式：（ ）

A.向下合并   B.合并可见层   C.拼合图层   D.合并图层组

8.下列可以创建新的空白图层的是（ ）

A.双击"图层"面板的空白处，在弹出的对话框中进行设定选择新图层命令

B.单击"图层"面板下方的创建新图层按钮 ⊞

C.使用鼠标将图像拖至另一个文档中

D.按 Ctrl+N 键

9.要选中多个图层，可以按（　　　）键。

A. Ctrl　　　　　　　　B. shift　　　　　　　　C. Alt　　　　　　　　D. Tab

10.下面对图层组描述正确的是：（　　　　）

A.在"图层"面板中单击"创建新组"按钮 ▢ 可以新建一个图层组

B.可以将所有选中图层放到一个新的图层组中

C.按住 Ctrl 键的同时单击图层组的名称，可以弹出"图层组属性"对话框

D.在图层组内可以对图层进行删除和复制

11.下列关于画板与画布的说法中，正确的是：（　　　　）

A.画板可以包含画布　　　　　　　　B.画布可以包含画板

C.画布只能有一个　　　　　　　　　D.画板可以有多个

12.下列关于"图层样式"中"光照"参数的说法中，正确的是：（　　　　）

A.光照角度是固定的

B.光照角度可任意设定

C.光线照射的角度只能是60度、120度、240度或300度

D.光线照射的角度只能是0度、90度、180度或270度

13.若在"投影"图层样式对话框中，选中"使用全局光"选项，并设置"角度"数值为15，则默认情况下，下面哪些图层样式的角度也会随之变化？（　　　　）

A.外发光　　　　　B.内阴影　　　　　C.斜面和浮雕　　　D.内发光

14.以下不可以设置"不透明度"参数的是：（　　　　）

A.画笔工具 ✐　　　　　　　　　　B.图层

C.矩形选框工具 ▢　　　　　　　　D.仿制图章工具 ▲

15.下面关于不透明度与填充不透明度的描述中，正确的是：（　　　　）

A.不透明度将对图层中的所有像素起作用

B.填充不透明度只对图层中填充像素起作用，对图层样式不起作用。

C.不透明度不会影响到图层样式

D.填充不透明度不会影响到图层样式

16.以下可以添加图层样式的是：（　　　　）

A.图层组　　　　　B.形状图层　　　　　C.文字图层　　　D.普通图层

17.下列可以在 Photoshop 中创建的填充图层是：（　　　　）

A.纯色　　　　　B.渐变　　　　　C.图案　　　　　D.花纹

18.以下关于调整图层的描述错误的是：（ ）

A.可通过创建"曲线"调整图层或者通过"图像"｜"调整"｜"曲线"菜单命令对图像进行色彩调整，两种方法都对图像本身没有影响，而且方便修改

B.调整图层可以在"图层"面板中更改透明度

C.调整图层可以在"图层"面板中更改图层混合模式

D.调整图层可以在"图层"面板中添加矢量蒙版

19.在复制智能对象图层时，若不希望原图层与拷贝图层之间有关系，则下列方法错误的是：（ ）

A.在智能对象图层的名称上单击右键，在弹出的菜单中选择"通过拷贝新建智能对象"

B.按Ctrl+J键

C.将智能对象图层拖至创建新图层按钮 上

D.按住Alt键将智能对象图层拖至创建新图层按钮 上

20.下面关于调整图层特性的说法中，正确的是（ ）

A.调整图层是用来对图像进行色彩编辑，并不影响图像本身

B.调整图层可以通过调整不透明度、选择不同的图层混合模式来达到特殊的效果

C.调整图层可以删除，且删除后不会影响原图像

D.选择任何一个"图像"｜"调整"弹出菜单中的色彩调整命令都可以生成一个新的调整图层

2. 上机操作题

1.打开随书所附的素材"第8章\上机题1–素材.psd"，如图8.74所示。通过调整图层顺序，制作如图8.75所示的效果。

　　图8.74　　　　　　　　图8.75

2.打开随书所附的素材"第8章\上机题2–素材.psd"，如图8.76所示，通过选择不同的图层，并使用移动工具 调整相应图像的位置，直至得到如图8.77所示的效果。

图 8.76   图 8.77

3. 打开随书所附的素材"第 8 章 \ 上机题 3- 素材 .psd",如图 8.78 所示。试通过创建一个渐变填充图层，并编辑其中的渐变属性，制作得到如图 8.79 所示的效果。

图 8.78   图 8.79

4. 打开随书所附的素材"第 8 章 \ 上机题 4- 素材 .psd"，如图 8.80 所示，试制作得到如图 8.81 所示的发光效果。

图 8.80   图 8.81

5.打开随书所附的素材"第8章\上机题5-素材.psd",如图8.82所示,试制作得到如图8.83所示的效果。

图8.82　　　　　　　　　　　　　图8.83

6.打开随书所附的素材"第8章\上机题6-素材.psd",如图8.84所示。试通过创建一个渐变填充图层,并编辑其中的渐变属性,制作得到如图8.85所示的效果。

图8.84　　　　　　　　　　　　　图8.85

7.打开随书所附的素材"第8章\上机题7-素材1.psd"和"第8章\上机题7-素材2.psd",如图8.86所示,利用剪贴蒙版及混合模式功能,制作图8.87所示的效果。

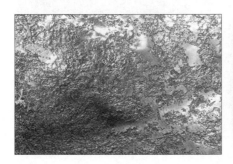 

图8.86

图8.87

8.打开随书所附的素材"第8章\上机题8-素材.jpg",如图8.88所示,利用混合模式合成降暗图像得到如图8.89所示的效果。

图8.88　　　　　　　图8.89

9.打开随书所附的素材"第8章\上机题9-素材1.psd"和"第8章\上机题9-素材2.psd",如图8.90所示,利用混合模式功能成得到如图8.91所示的效果。

图8.90

图8.91

10.打开随书所附的素材"第8章\上机题10–素材.psd",如图8.92所示,结合本章介绍的制作3D文字的方法,制作得到如图8.93所示的效果。

图8.92   图8.93

215

──── **第9章 掌握通道与图层蒙版** ────

本章主要讲解Photoshop的另一个核心功能——通道，其中还包括了与通道联系紧密的图层蒙版的相关知识。需要特别指出的是，本章详细、深入地讲解了Alpha通道的相关知识，学习并切实掌握这一部分知识对于在更深层次理解并掌握Photoshop的精髓有很大的益处。

学习重点

◎ 通道的概念及分类。

◎ Alpha通道相关操作。

◎ 复制与删除通道。

◎ 使用图层蒙版及"属性"面板。

◎ 在Photoshop中通道具有与图层相同的重要性，这不仅是因为使用通道能够对图像进行非常细致地调节，更在于通道是Photoshop保存颜色信息的基本场所。

◎ 学完本章后，读者将会掌握"通道"面板中的基本操作方法，熟悉通道和选区相互转换的方法、通道运算及图层蒙版的相关操作。

9.1 关于通道

通道有两大功能，即存储图像颜色信息和存储选区。在Photoshop中，通道的数目取决于图像的颜色模式。例如，CMYK模式的图像有4个通道，即C通道、M通道、Y通道、K通道，以及由四个通道合成的合成通道，如图9.1（a）图所示。而RGB模式图像则有3个通道，即R通道、G通道、B通道和一个合成通道，如图9.1（b）所示。

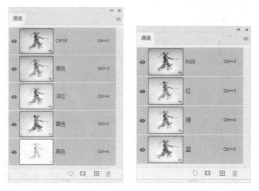

（a）CMYK模式的图像 （b）RGB模式图像

图9.1

这些不同的通道保存了图像的不同颜色信息，例如在RGB模式图像中，"红"通道保存了图像中红色像素的分布信息，"蓝"通道保存了图像中蓝色像素的分布信息，正是由于这些原色通道的存在，所有的原色通道合成在一起时，才会得到具有丰富色彩效果的图像。

在Photoshop中新建的通道被自动命名为Alpha通道，Alpha通道用来存储选区。其具体功能将在9.2节中讲解。

9.2 Alpha通道

Alpha通道与选区存在着密不可分的关系，通道可以转换成为选区，而选区也可以保存为通道。例如，如图9.2所示为一个图像中的Alpha通道，在其被转换成为选区后，可以得到如图9.3所示的选区。

图9.2 图9.3

217

如图9.4所示为一个使用钢笔工具 ⬦ 绘制的路径，然后转换得到的选区，在其被保存成为 Alpha 通道后，得到如图9.5所示的 Alpha 通道。

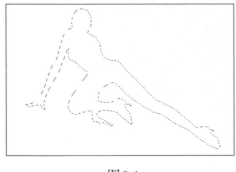

图9.4   图9.5

通过这两个示例可以看出，Alpha 通道中的黑色区域对应非选区，而白色区域对应选择区域，由于 Alpha 通道中可以创建从黑到白共256级灰度色，因此能够创建并通过编辑得到非常精细的选择区域。

9.2.1 通过操作认识 Alpha 通道

前面我们已经讲述过 Alpha 通道与选区的关系，下面我们通过一个操作实例来认识两者之间的关系。

（1）选择"文件"|"新建"命令新建一个适当大小的文件，选择自定形状工具 ⬦，在工具选项栏的"形状"下拉列表选择"大象"形状，并选择"路径"选项绘制形状路径，按 Ctrl+Enter 键将路径转换为选区，如图9.6所示。

（2）选择"选择"|"存储选区"命令，设置弹出的对话框如图9.7所示。

（3）按照步骤1的方法绘制一棵树的选区，如图9.8所示。

（4）按 Shift+F6 键调出"羽化选区"对话框，在弹出的对话框中设置"羽化半径"为20，单击"确定"按钮退出。

图9.6   图9.7   图9.8

（5）再次选择"选择"|"存储选区"命令，设置弹出的对话框如图9.9所示。

图9.9

（6）切换至"通道"面板中，可以发现"通道"面板中多了2个Alpha通道，如图9.10所示。

（7）分别切换至2个Alpha通道，图像分别显示如图9.11所示。

图9.10　　　　　　　　　　　　　图9.11

仔细观察2个Alpha通道可以看出，2个通道中白色的部分对应的正是我们创建的3个选择区域的位置与大小，而黑色则对应于非选择区域。

而对于通道2，除了黑色与白色外，出现了灰色柔和边缘，实际上这正是具有"羽化"值的选择区域保存于通道后的状态。在此状态下，Alpha通道中的灰色区域代表部分选择，换言之，即具有羽化值的选择区域。

因此，我们创建的选择区域都可以被保存在"通道"面板中，而且选择区域被保存为白色，非选择区域被保存为黑色，具有不为0的"羽化"值的选择区域保存为具有灰色柔和边缘的通道。

9.2.2　将选区保存为通道

要将选择区域保存成为通道，可以在面板中直接单击将选区存储为通道按钮 ▣ 。

除此之外，还可以选择"选择"|"存储选区"命令将选区保存为通道，这时弹出如图9.12所示的对话框。

图9.12

此对话框中的重要参数及选项说明如下。

（1）文档：该下拉列表中显示了所有已打开的尺寸大小及与当前操作图像文件相同的文件的名称，选择这些文件名称可以将选择区域保存在该图像文件中。如果在下拉菜单中选择"新建"命令，则可以将选择区域保存在一个新文件中。

（2）通道：在该下拉菜单中列有当前文件已存在的Alpha通道名称及"新建"选项。如果选择已有的Alpha通道，可以替换该Alpha通道所保存的选择区域。如果选择"新建"命令可以创建一个新Alpha通道。

（3）新建通道：选择该选项，可以添加一个新通道。如果在"通道"下拉菜单中选择一个已存在的Alpha通道，"新建通道"选项将转换为"替换通道"，选择此选项可以用当前选择区域生成的新通道替换所选的通道。

（4）添加到通道：在"通道"下拉列表中选择一个已存在的Alpha通道时，此选项可被激活。选择该选项，可以在原通道的基础上添加当前选择区域所定义的通道。

（5）从通道中减去：在"通道"下拉列表中选择一个已存在Alpha通道时，此选项可被激活。选择该选项，可以在原通道的基础上减去当前选择区域所创建的通道，即在原通道中以黑色填充当前选择区域所确定的区域。

（6）与通道交叉：在"通道"下拉列表中选择一个已存在的Alpha通道时，此选项可被激活。选择该选项，可以得到原通道与当前选择区域所创建的通道的重叠区域。

图9.13所示为当前存在的选择区域，图9.14所示为已存在的一个Alpha通道及对应的"通道"面板。

图9.13   图9.14

（7）如果选择"选择"|"存储选区"命令，且设置弹出的对话框如图9.15（a）所示时，得到的通道如图9.15（b）所示。

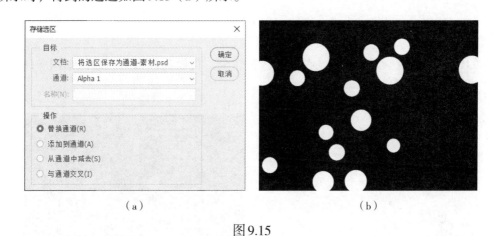

（a）   （b）

图9.15

（8）如果选择"选择"|"存储选区"命令，且设置弹出的对话框如图9.16（a）所示时，得到的通道如图9.16（b）所示。

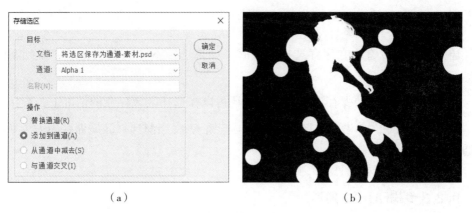

（a）   （b）

图9.16

（9）如果选择"选择"|"存储选区"命令，且设置弹出的对话框如图9.17（a）所示时，得到的通道如图9.17（b）所示。

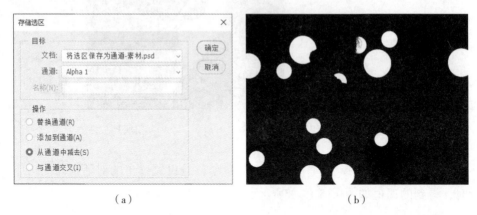

（a） （b）

图9.17

（10）如果选择"选择"|"存储选区"命令，且设置弹出的对话框如图9.18（a）所示时，得到的通道如图9.18（b）所示。

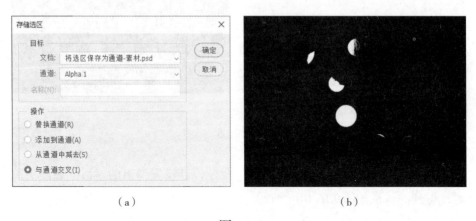

（a） （b）

图9.18

通过观察可以看出在保存选择区域时，如果选择不同的选项将可以得到不同的效果。

除可以按上述方法保存选择区域外，还可以在选择区域存在的情况下，直接切换至"通道"面板中，单击将选区存储为通道按钮 ▣ 将当前选择区域保存为一个默认的新通道。

9.2.3 编辑Alpha通道

Alpha通道不仅仅能够用于保存选区，更重要的是通过编辑Alpha通道，可以得到灵活多样的选择区域。

下面将通过一个简单的实例，来讲解编辑 Alpha 通道的操作方法。

（1）打开随书所附的素材"第9章\9.2.3– 素材 .psd"，切换至"通道"面板中，选择"Alpha 1"通道进入其编辑状态。

（2）选择"滤镜"|"其它"|"最大值"命令，在弹出的对话框中设置"半径"数值为12，得到如图9.19所示的效果。选择"滤镜"|"模糊"|"高斯模糊"命令，在弹出的对话框中设置"半径"数值为30，得到如图9.20所示的效果。

图9.19　　　　　　　　　　　图9.20

（3）按 Ctrl+I 键应用"反相"命令，得到如图 9.21 所示的效果。选择"滤镜"|"像素化"|"彩色半调"命令，设置弹出的对话框如图9.22所示，得到如图9.23所示的效果。按 Ctrl+I 键应用"反相"命令。

图9.21　　　　　　　　　　　图9.22

（4）按 Ctrl 键单击"Alpha 1"通道缩览图以载入其选区，切换至"图层"面板，选择"背景"图层，新建"图层1"，设置前景色为白色，按 Alt+Delete 键填充前景色，按 Ctrl+D 键取消选区，得到如图9.24所示的效果。

图9.23

图9.24

图9.25为设置不透明度为40%以及添加心星花环后的尝试效果。

图9.25

可以看出通过对Alpha通道进行编辑，可以制作出使用常规方法不容易甚至无法得到的选择区域。对于这一点，各位读者可以尝试使用以下方法对通道进行编辑。

1）使用绘画工具。

2）使用调色命令。

3）使用滤镜命令。

9.2.4 将通道作为选区载入

任意一个Alpha通道都可以作为选区调出。要调用Alpha通道所保存的选区，可以采用两种方法，一种是在"通道"面板中选择该Alpha通道，单击面板中将通道作为选区载入按钮 ，即可调出此Alpha通道所保存的选区。

第二种方法是选择"选择"|"载入选区"命令，在图像中存在选区的情况下，将弹出如图9.26所示的"载入选区"对话框。由于此对话框中的选项与"存储选区"对话框中的选项的意义基本相同，故在此不再赘述。

图9.26

> 提示：按Ctrl键单击通道，可以直接调用此通道所保存的选择区域。如果按Ctrl+Shift键单击通道，可在当前选择区域中增加单击的通道所保存的选择区域。如果按Alt+Ctrl键单击通道，可以在当前选择区域中减去当前单击的通道所保存的选择区域。如果按Alt+Ctrl+Shift键单击通道，可以得到当前选择区域与该通道所保存的选择区域重叠的选择区域。

9.2.5 Alpha通道运用实例——选择纱质图像

下面练习利用Alpha通道选择具有半透明效果的纱质图像，其操作步骤如下。

（1）打开随书所附的素材"第9章\9.2.5–素材1.jpg"，如图9.27所示。

（2）切换至"通道"面板，复制"蓝"通道得到"蓝 拷贝"，按Ctrl+I键将其反相，得到如图9.28所示的效果。

图9.27　　　　　　　图9.28

（3）使用多边形套索工具 ，选择人物左侧的纱巾，如图9.29所示。

（4）选择"图像"｜"调整"｜"色阶"命令，设置弹出的对话框如图9.30所示，得到如图9.31所示的效果，按Ctrl+D键取消选区。

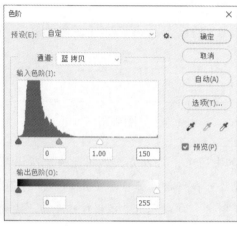

图 9.29　　　　　　　　　　　图 9.30　　　　　　　　　　　图 9.31

（5）选择"图像"｜"调整"｜"色阶"命令，设置弹出的对话框如图9.32所示，得到如图9.33所示的效果。

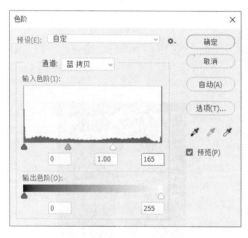

图 9.32　　　　　　　　　　图 9.33

（6）使用多边形套索工具 ，将人物脸部、手、胳膊、脚和不透明的衣服区域选中，并将其填充为白色，得到如图9.34所示的效果。

（7）按住Ctrl键单击"蓝 拷贝"通道，调出其选区，切换至"图层"面板中，选择背景图层，按Ctrl+J键执行"通过拷贝的图层"命令，得到"图层1"。

（8）打开随书所附的素材"第9章\9.2.5–素材2.jpg"，如图9.35所示。

（9）使用移动工具 ↔. 将素材1中图像的"图层1"移至"素材2"图像中得到"图层1"，并调整其大小及位置，如图9.36所示。

图9.34　　　　　　　　　　图9.35　　　　　　　　　　图9.36

（10）选择"图像"|"调整"|"亮度/对比度"命令，设置弹出的对话框如图9.37所示，得到如图9.38所示的效果。

图9.37　　　　　　　　　　图9.38

（11）按住Ctrl键单击"图层1"调出其选区，选择"选择"|"修改"|"羽化"命令，在弹出的对话框中设置"羽化半径"为5，选择"选择"|"变换选区"命令，调整选区至如图9.39所示的效果，按Enter键确认操作。

（12）设置前景色为黑色，在"图层1"下方新建一个图层得到"图层2"，按Alt+Delete键填充选区，设置此图层的"不透明度"为60%，得到如图9.40所示效果。此时的"图层"面板状态如图9.41所示。

图9.39

图9.40

图9.41

9.3 复制与删除通道

要在一幅图像内复制通道，可直接将需要复制的通道拖至"通道"面板下方"创建新通道"按钮 上，或选择要复制的通道，在"通道"面板弹出菜单中选择"复制通道"命令，设置如图9.42所示的对话框。

要删除无用的通道，可以在"通道"面板中选择要删除的通道，并将其拖至面板下方的"删除当前通道"按钮 🗑 上。

> **提示：** 除Alpha通道及专色通道外，图像的颜色通道例如"红"通道、"绿"通道、"蓝"通道等通道也可以被删除。但这些通道被删除后，当前图像的颜色模式自动转换为多通道模式，图9.43所示为一幅CMYK模式的图像中青色通道、黑色通道被删除后的"通道"面板状态。

图9.42

图9.43

9.4 图层蒙版

可以简单地将图层蒙版理解为：与图层捆绑在一起、用于控制图层中图像的显示与隐藏的蒙版，且此蒙版中装载的全部为灰度图像，并以蒙版中的黑、白图像来控制图层缩览图中图像的隐藏或显示。

9.4.1 图层蒙版的工作原理

图层蒙版的核心是有选择地对图像进行屏蔽，其原理是 Photoshop 使用一张具有 256 级色阶的灰度图（即蒙版）来屏蔽图像，灰度图中的黑色区域隐藏其所在图层的对应区域，从而显示下层图像，而灰度图中的白色区域则能够显示本层图像而隐藏下层图像。由于灰度图具有 256 级灰度，因此能够创建过渡非常细腻、逼真的混合效果。

如图 9.44 所示为由两个图层组成的一幅图像，"图层 1"中的内容是图像，而背景图层中的图像是彩色的，在此我们通过为"图层 1"添加一个从黑到白的蒙版，使"图层 1"中的左侧图像被隐藏，而显示出背景图层中的图像。

如图 9.45 所示为蒙版对图层的作用原理示意图。

图 9.44

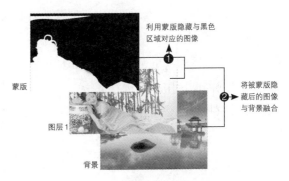

图 9.45

对比"图层"面板与图层所显示的效果，可以看出：

（1）图层蒙版中的黑色区域可以隐藏图像对应的区域，从而显示底层图像。

（2）图层蒙版中的白色部分可以显示当前图层的图像的对应区域，遮盖住底层图像。

（3）图层蒙版中的灰色部分，一部分显示底层图像，另一部分显示当前层图像，从而使图像在此区域具有半隐半显的效果。

由于所有显示、隐藏图层的操作均在图层蒙版中进行，并没有对图像本身的像素进行操作，因此使用图层蒙版能够保护图像的像素，并使工作有很大的弹性。

9.4.2 创建图层蒙版

在 Photoshop 中有很多种创建图层蒙版的方法，用户可以根据不同的情况来决定使用哪种方法合适，下面就分别讲解各种操作方法。

1. 直接添加蒙版

要直接为图层添加蒙版，可以使用下面的操作方法之一：

（1）选择要添加图层蒙版的图层，单击"图层"面板底部的添加图层蒙版按钮 ，或选择"图层"｜"图层蒙版"｜"显示全部"命令。

（2）如果在执行上述添加蒙版操作时，按住 Alt 键，或选择"图层"｜"图层蒙版"｜"隐藏全部"命令，即可为图层添加一个默认填充为黑色的图层蒙版，即隐藏全部图像。

2. 利用选区添加图层蒙版

如果当前图像中存在选区，可以利用该选区添加图层蒙版，并决定添加图层蒙版后是显示或者隐藏选区内部的图像。可以按照以下操作之一来利用选区添加图层蒙版。

（1）依据选区范围添加蒙版：选择要添加图层蒙版的图层，在"图层"面板中单击添加图层蒙版按钮 ，或选择"图层"｜"图层蒙版"｜"显示选区"命令，即可依据当前选区的选择范围为图像添加蒙版。

（2）依据与选区相反的范围添加蒙版：选择要添加图层蒙版的图层，按住 Alt 键单击添加图层蒙版按钮 ，或者选择"图层"｜"图层蒙版"｜"隐藏选区"命令，即可依据与当前选区相反的范围为图层添加蒙版。

如果当前图层中存在选择区域，按上述方法创建蒙版时，选区部分将呈白色显示，非选择区域将以黑色显示，如图 9.46 所示为存在选区的图像，图 9.47 所示为添加图层蒙版后的效果及"图层"面板状态。

图 9.46

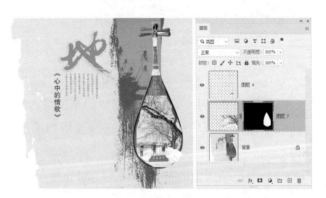

图 9.47

9.4.3 编辑图层蒙版

添加图层蒙版只是完成了应用图层蒙版的第一步，要使用图层蒙版还必须对图层的蒙版进行编辑，这样才能取得所需的效果。

要编辑图层蒙版，可以参考以下操作步骤：

（1）单击"图层"面板中的图层蒙版缩览图以将其激活。

（2）选择任何一种编辑或绘画工具，按照下述准则进行编辑。

1）如果要隐藏当前图层，用黑色在蒙版中绘图。

2）如果要显示当前图层，用白色在蒙版中绘图。

3）如果要使当前图层部分可见，用灰色在蒙版中绘图。

（3）如果要编辑图层而不是编辑图层蒙版，单击"图层"面板中该图层的缩览图以将其激活。

9.4.4 更改图层蒙版的浓度

"属性"面板中的"浓度"滑块可以调整选定的图层蒙版或矢量蒙版的不透明度，其使用步骤如下：

（1）在"图层"面板中，选择包含要编辑的蒙版的图层。

（2）单击"属性"面板中的◻按钮或者◻按钮以将其激活。

（3）拖动"浓度"滑块，当其数值为100%时，蒙版完全不透明并将遮挡住当前图层下面的所有图像效果。此数值越低，蒙版下的越多图像效果变得可见。

如图9.48所示为原图像，图9.49所示是对应的面板，如图9.50所示为在"属性"面板中将"浓度"数值降低时的效果，可以看出为由于蒙版中黑色变成为灰色，因此被隐藏的图层中的图像也开始显现出来，图9.51所示是对应的面板。

图9.48

图9.49

图 9.50 图 9.51

9.4.5 羽化蒙版边缘

可以使用"属性"面板中的"羽化"滑块直接控制蒙版边缘的柔化程度，而无需像以前那样再使用"模糊"滤镜对其进行操作，其使用步骤如下：

（1）在"图层"面板中，选择包含要编辑的蒙版的图层。

（2）单击"属性"面板中的▣按钮或者▣按钮以将其激活。

（3）在"属性"面板中，拖动"羽化"滑块，将羽化效果应用至蒙版的边缘，使蒙版边缘在蒙住和未蒙住区域间创建较柔和的过渡。

以前面未设置"浓度"参数时的图像为例，图 9.52 所示为在"属性"面板中将"羽化"数值提高后的效果。可以看出，蒙版边缘发生了柔化。

图 9.52

9.4.6 图层蒙版与图层缩览图的链接状态

默认情况下，图层与图层蒙版保持链接状态，即图层缩览图与图层蒙版缩览图之间存在▓图标。此时使用移动工具⊕移动图层中的图像时，图层蒙版中的图像也会随其一起移动，从而保证图层蒙版与图层图像的相对位置不变。

如果要单独移动图层中的图像或者图层蒙版中的图像，可以单击两者间的 图标以使其消失，然后即可独立地移动图层或者图层蒙版中的图像了。

9.4.7 载入图层蒙版中的选区

要载入图层蒙版中的选区，可以执行下列操作之一：

（1）单击"属性"面板中"从蒙版中载入选区"按钮 。

（2）按住Ctrl键单击图层蒙版的缩览图。

9.4.8 应用与删除图层蒙版

应用图层蒙版，可以将图层蒙版中黑色区域对应的图像像素删除，白色区域对应的图像像素保留，灰色过渡区域所对应的部分图像像素删除以得到一定的透明效果，从而保证图像效果在应用图层蒙版前后不会发生变化。要应用图层蒙版，可以执行以下操作之一。

（1）在"属性"面板底部单击"应用蒙版"按钮 。

（2）执行"图层"|"图层蒙版"|"应用"命令。

（3）在图层蒙版缩览图上单击鼠标右键，在弹出的菜单中选择"应用图层蒙版"命令。

如果不想对图像进行任何修改而直接删除图层蒙版，可以执行以下操作之一。

（1）单击"属性"面板底部的"删除蒙版"按钮 。

（2）执行"图层"|"图层蒙版"|"删除"命令。

（3）选择要删除的图层蒙版，直接按Delete键也可以将其删除。

（4）在图层蒙版缩览图中单击鼠标右键，在弹出的菜单中选择"删除图层蒙版"命令。

9.4.9 查看与屏蔽图层蒙版

在图层蒙版存在的状态下，只能观察到未被图层蒙版隐藏的部分图像，因此不利于对图像进行编辑。在此情况下，可以执行下面的操作之一，完成停用/启用图层蒙版的操作：

（1）在"属性"面板中单击底部的停用/启用蒙版图标 即可，此时该图层蒙版缩览图中将出现一个红色的"×"，如图9.53所示，再次单击该图标即可重新启用蒙版。

（2）按住Shift键单击图层蒙版缩览图，暂时停用图层蒙版效果，如图9.54所示，再次按住Shift键单击图层蒙版缩览图，即可重新启用蒙版效果。

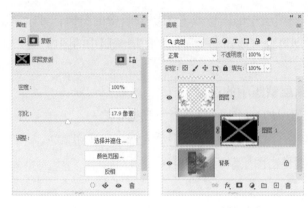

图9.53　　　　　　　　　　图9.54

9.5 习题

1. 选择题

1.在Photoshop中有哪几种通道？（　　　）

A. 颜色通道 　　　　　B. Alpha 通道 　　　　　C. 专色通道 　　　　　D. 路径通道

2. Alpha 通道最主要用来（　　　）。

A.保存图像色彩信息 　　　　　　　　　　B.创建新通道

C.存储和建立选择范围 　　　　　　　　　D.是为路径提供的通道

3.要显示或屏蔽图层蒙版，可以配合（　　　）功能键单击图层蒙版缩览图。

A. Shift 　　　　　　　B. Ctrl 　　　　　　　C. Ctrl+Shift 　　　　　D. Alt

4.当前图像中存在一个选区，按 Alt 键单击添加图层蒙版按钮 ▢，与不按 Alt 键单击添加图层蒙版按钮 ▢，则下列描述正确的是：（　　　）

A.蒙版是反相的关系

B.前者无法创建蒙版，而后能够创建蒙版

C.前者添加的是图层蒙版，后者添加的是矢量蒙版

D.前者在创建蒙版后选区仍然存在，而后者在创建蒙版后选区不再存在

5.若在图层上增加一个蒙版，当要单独移动蒙版时下面哪种操作是正确的：（　　　）

A.首先单击图层上的蒙版，然后选择移动工具 ✥ 就可以了

B.首先单击图层上的蒙版，然后全选，再用移动工具 ✥ 拖拉

C.首先要解除图层与蒙版之间的链接，然后选择移动工具 ✥ 就可以了

D.首先要解除图层与蒙版之间的链接，再选择蒙版，然后选择移动工具 ✥ 就可以移动了

6.以下可以添加图层蒙版的是：（　　　）

A.图层组　　　　　　B.文字图层　　　　　C.形状图层　　　　　D.背景图层

7.下列关于图层蒙版的说法中，正确的是：（　　　）

A.用画笔工具 ✎ 在图层蒙版上绘制黑色，图层上的像素就会被遮住

B.用画笔工具 ✎ 在图层蒙版上绘制白色，图层上的像素就会显示出来

C.用灰色的画笔工具 ✎ 在图层蒙版上涂抹，图层上的像素就会出现半透明的效果

D.图层蒙版一旦建立，就不能被修改

2.上机操作题

1.打开随书所附的素材"第9章\上机题1–素材.jpg"，如图9.55所示。使用"曲线"命令分别选择"红""绿"和"蓝"颜色通道并进行调整，以改变其颜色，得到如图9.56所示的效果。

图9.55　　　　　　　　　　　　　　　　　图9.56

2.打开随书所附的素材"第9章\上机题2–素材.jpg"，如图9.57所示，删除其中一个颜色通道，制作得到如图9.58所示的效果。

图9.57　　　　　　　　图9.58

3.打开随书所附的素材"第9章\上机题3–素材.jpg",如图9.59所示。使用通道与绘制路径,将人物从背景中抠选出来,如图9.60所示。

图9.59　　　　　　　　　　图9.60

4.打开随书所附的素材"第9章\上机题4–素材1.psd",如图9.61所示。使用通道将其中的火焰抠选出来,得到类似如图9.62所示的效果,然后再打开随书所附的素材"第9章\上机题4–素材2.psd",如图9.63所示,合成得到如图9.64所示的效果。

 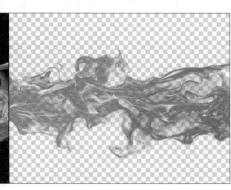

图9.61　　　　　　　　　　　图9.62

图9.63　　　　　　　　　　图9.64

5.打开随书所附的素材"第9章\上机题5–素材.psd",如图9.65所示。将其中的"图层1"和"图层2"转换为智能对象,并结合混合模式、图层蒙版功能,制作得到如图9.66所示的效果。

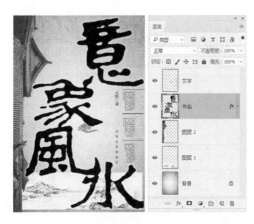

图9.65   图9.66

第10章　掌握滤镜的用法

本章将重点讲解内置滤镜及"滤镜库"的基本用法，以及一些常用的特殊滤镜，如"液化""镜头校正""油画"等，掌握这些滤镜的使用方法有助于制作特殊的文字、纹理、材质效果，并且能够提高处理图像的技巧。此外，本章还重点讲解了智能滤镜的用法，它可以帮助用户在图层上记录滤镜参数，以便于进行反正的编辑调整。

学习重点

◎ 滤镜库。

◎ "液化"滤镜。

◎ "镜头校正"滤镜。

◎ "油画"滤镜。

◎ 智能滤镜。

滤镜是 Photoshop 中制作特殊效果的重要工具。每个滤镜命令掌握起来非常简单，即便是初学者，也能够应用不同的滤镜将图像处理成不同的效果，但是能够灵活地将多个滤镜结合起来应用，却需要时间和经验的积累。

10.1　滤镜库

滤镜库是一个集成了 Photoshop 中绝大部分命令的集合体，除了可以帮助用户方便地选择和使用滤镜命令外，还可以通过命令滤镜层来为图像同时叠加多个命令。

值得一提的是，在默认情况下并没有显示出所有的滤镜，需要选择"编辑"|"首选项"|"增效工具"命令，在弹出的对话框中选择"显示滤镜库的所有组和名称"选项，显示出所有的滤镜。下面将对滤镜库进行详细的讲解。

10.1.1 认识滤镜库

"滤镜库"的最大特点在于其提供了累积应用滤镜的功能，即在此对话框中可以对当前操作的图像应用多个相同或者不同的滤镜，并将这些滤镜得到的效果叠加起来，从而获得更加丰富的效果。

如图10.1所示为原图像及应用了"颗粒"滤镜后又应用了"扩散亮光"滤镜得到的效果，这两种滤镜效果产生了叠加效应。

（a）原图像　　　　　　　　　　（b）应用"颗粒"和"扩散亮光"滤镜

图10.1

执行"滤镜"|"滤镜库"命令，即可应用此命令进行滤镜叠加，如图10.2所示为此命令在应用过程中的对话框。

图10.2

使用此命令的关键在于对话框右下方标有滤镜命令名称的滤镜效果图层。下面讲解与滤镜效果图层有关的知识与操作技能。

10.1.2 滤镜层的相关操作

滤镜效果图层的操作和图层一样灵活。

1. 添加滤镜效果图层

要添加滤镜效果图层，可以在选项区的下方单击"新建效果图层"按钮 ，此时所添加的新滤镜效果图层将延续上一个滤镜效果图层的滤镜命令及其参数。

（1）如果需要使用同一滤镜命令以增强该滤镜的效果，无需改变此设置，通过调整新滤镜效果图层上的参数，即可得到满意的效果。

（2）如果需要叠加不同的滤镜命令，可以选择该新增的滤镜效果图层，在命令选择区中选择新的滤镜命令，选项区中的参数将同时发生变化，调整这些参数，即可得到满意的效果。

（3）如果使用两个滤镜效果图层仍然无法得到满意的效果，可以按照同样的方法再新增滤镜效果图层并修改命令或者参数，以累积使用滤镜命令，直至得到满意的效果。

2. 改变滤镜效果图层的顺序

滤镜效果图层的优点不仅在于能够叠加滤镜效果，而且还可以通过修改滤镜效果图层的顺序，改变应用这些滤镜所得到的效果。

如图 10.3 所示的预览效果为按右侧顺序叠加三个滤镜命令后所得到的效果。如图 10.4 所示的预览效果为修改这些滤镜效果图层的顺序后所得到的效果，可以看出当滤镜效果图层的顺序发生变化时，所得到的效果也不相同。

图 10.3　　　　　　　　　　　　　　　图 10.4

3. 隐藏及删除滤镜效果图层

如果希望查看在某一个或者某几个滤镜效果图层添加前的效果，可以单击该滤镜效果图层左侧的 图标将其隐藏起来，如图 10.5 所示为隐藏两个滤镜效果图层的对应效果。

对于不再需要的滤镜效果图层，可以将其删除。要删除这些图层，可以通过单击将其选中，然后单击"删除效果图层"按钮 🗑。

图 10.5

10.2 液化

利用"液化"命令，可以通过交互方式推、拉、旋转、反射、折叠和膨胀图像的任意区域，使图像变换成所需要的艺术效果，在照片处理中，常用于校正和美化人物形体。从 Photoshop CC 2017 开始，增加了人脸识别功能，在后面的版本中并进一步提高了识别的精度，从而更方便、精确的对人物面部轮廓及五官进行修饰。

选择"滤镜"|"液化"命令即可调出其对话框，如图 10.6 所示。

图 10.6

10.2.1 工具箱

工具箱是"液化"命令中的重要功能，几乎所有的调整都是通过其中的各个工具实现的，其功能介绍如下：

（1）向前变形工具 ：在图像上拖动，可以使图像的像素随着涂抹产生变形。

（2）重建工具 ：扭曲预览图像之后，使用此工具可以完全或部分地恢复更改。

（3）平滑工具 ：当对图像作了大幅的调整时，可能产生其边缘线条不够平滑的问题，使用此工具进行涂抹，即可让边缘变得更加平滑、自然。例如图10.7所示是对人物腰部进行收缩处理的结果，图10.8所示是使用此工具进行平滑处理后的效果。

（4）顺时针旋转扭曲工具 ：使图像产生顺时针旋转效果。按住 Alt 键操作，则可以产生逆时针旋转效果。

（5）褶皱工具 ：使图像向操作中心点处收缩从而产生挤压效果。按住 Alt 键操作时，可以实现膨胀工具 膨胀效果。

（6）膨胀工具 ：使图像背离操作中心点从而产生膨胀效果。按住 Alt 键操作时，可以实现相反的膨胀效果。

（7）左推工具 ：移动与涂抹方向垂直的像素。具体来说，从上向下拖动时，可以将左侧的像素向右侧移动，如图10.9所示。反之，从下向上移动时，可以将右侧的像素向左侧移动，如图10.10所示。

| 图 10.7 | 图 10.8 | 图 10.9 | 图 10.10 |

（8）冻结蒙版工具 ：用此工具拖过的范围被保护，以免被进一步编辑。

（9）解冻蒙版工具 ：解除使用冻结工具所冻结的区域，使其还原为可编辑状态。

（10）脸部工具 ：对面部轮廓及五官进行处理的工具，以快速实现调整眼睛大小、改变脸形、调整嘴唇形态等处理。其功能与右侧"人脸识别液化"区域中的参数息息相关，因此将其合至本章10.2.3节一并讲解。

10.2.2 画笔工具选项

此区域中的重要参数解释如下。

（1）大小：设置使用上述各工具操作时，图像受影响区域的大小。

（2）密度：设置对画笔边缘的影响程度。数值越大，对画笔边缘的影响力就越大。

（3）压力：设置使用上述各工具操作时，一次操作影响图像的程度大小。

（4）固定边缘：选中后可避免在调整文档边缘的图像时，导致边缘出现空白。

10.2.3 人脸识别液化

从Photoshop CC 2017开始新增了关于人脸识别功能，也是"液化"命令最为重大的一次升级，用户可以通过此命令对识别到的一张或多张人脸，进行眼睛、鼻子、嘴唇以及脸部形状等调整，下面来分别讲解其具体操作方法。

1. 关于人像识别

人脸识别液化可以更方便的对人物进行液化处理，目前识别的准确度经过实际测试对正面人脸基本能够实现100%成功识别，即使有头发、帽子少量遮挡或小幅的侧脸，也可以正确识别，如图10.11所示。

仰视人脸　　　　头发遮挡及小侧脸　　　　戴眼镜

图10.11

如果头部做出扭转、倾斜、大幅度的侧脸或过多遮挡等，则有较大概率无法检测出人脸，如图10.12所示。

扭转　　　　　　　倾斜　　　　　　　遮挡过多

图10.12

　　另外，当照片尺寸较小时，由于无法提供足够的人脸信息，因此较容易出现无法检测人脸或检测错误。如图 10.13 所示的照片为例，在原始照片尺寸下，可以正确检测出人脸。

　　图 10.14 所示是将照片尺寸缩小为原图的 30% 左右，再次检测人脸时，则出现了错误。

图 10.13　　　　　　　　　　　　　图 10.14

　　除了尺寸外，人脸检测的成功率还与脸部的对比有关，若对比小，则不容易检测成功。反之，对比明显、五官清晰，则更容易检测到。图 10.15 所示的照片中，人物皮肤比较明亮、白皙，五官的对比较小，因此无法检测到人脸；图 10.16 所示是适当压暗并增加对比后的效果，此时就成功检测到了人脸。

图 10.15　　　　　　图 10.16

　　综上，在使用"液化"命令中的人脸识别功能时，首先需要正确识别出人脸，然后才能利用各项功能进行丰富的调整，若无法识别人脸，则只能手动处理了。下面来分别讲解对五官及脸形进行处理的方法，这些都是建立在正确识别人脸基础上的。

2. 人脸识别液化的基本用法

在正确识别人脸后，可在"人脸识别液化"选项区域的"选择脸部"下拉列表中选择要液化的人脸，然后分别在下面调整眼睛、鼻子、嘴唇、脸面形状参数，或使用脸部工具 即可进行调整，如图10.17所示。

图10.17

在对人脸进行调整后，单击"复位"按钮，可以将当前人脸恢复为初始状态；单击"全部"按钮，则将照片中所有对人脸的调整恢复为初始状态。

3. 眼睛

展开"眼睛"区域的参数，可以看到共包含了5个参数，每个参数又分为两列，其中左列用于调整左眼，右列用于调整右眼。若选中二者之间的链接按钮 ，则可以同时调整左眼和右眼，如图10.18所示。

图10.18

下面将结合脸部工具 ，讲解"眼睛"区域中各参数的作用。

（1）眼睛大小：此参数可以缩小或放大眼睛。在使用脸部工具 时，将光标置于要调整的眼睛上，会出现相应的控件，拖动右上方的方形控件，即可改变眼睛的大小。向眼睛内部拖动可以缩小，向眼睛外部拖动可以增大，如图10.19所示。

（2）眼睛高度：此参数可以调整眼睛的高度。在使用脸部工具 时，可以拖动眼睛上方或下方的圆形控件，以增加眼睛高度，如图10.20所示。向眼睛外部拖动是增加高度，向眼睛内部拖动是减少高度。

 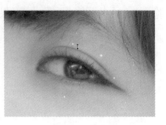

图 10.19 　　　　　　　　　　图 10.20

（3）眼睛宽度：此参数可以调整眼睛的宽度。在使用脸部工具 时，可以拖动眼睛右侧的圆形控件（若是左眼，则该控件位于眼睛左侧），以增加眼睛宽度，如图10.21所示。向眼睛外部拖动是增加宽度，向眼睛内部拖动是减少宽度。

（4）眼睛斜度：此参数可调整眼睛的角度。在使用脸部工具 时，可以拖动眼睛右侧的弧线控件（若是左眼，则该控件位于眼睛左侧），如图10.22所示，以实现改变眼睛角度的目的。

图 10.21 　　　　　　　　　　图 10.22

（5）眼睛距离：此参数可以调整左右眼之间的距离，向左侧拖动可以缩小二者的距离，向右侧拖动则增大二者的距离。在使用脸部工具 时，可以将光标置于控件左侧空白处（若是左眼，则位置在眼睛右侧），如图10.23所示，拖动即可改变眼睛的位置。

图 10.23

4. 鼻子

展开"鼻子"区域的参数，其中包含了对鼻子高度和宽度的调整参数，如图10.24所示。

图10.24

下面将结合脸部工具，讲解"鼻子"区域中各参数的作用。

（1）鼻子高度：此参数可以调整鼻子的高度。在使用脸部工具时，拖动中间的圆形控件，如图10.25所示，即可改变鼻子的高度，图10.26所示是提高鼻子后的效果。

（2）鼻子宽度：此参数可以调整鼻子的宽度。在使用脸部工具时，拖动左右两侧的圆形控件，如图10.27所示，即可改变鼻子的宽度，图10.28所示是缩小鼻子宽度后的效果。

图10.25　　　　　　图10.26　　　　　　图10.27　　　　　　图10.28

5. 嘴唇

展开"嘴唇"区域的参数，其中包含了调整微笑效果，以及对上下嘴唇、嘴唇宽度与高度的调整参数，如图10.29所示。

下面将结合脸部工具，讲解"鼻子"区域中各参数的作用。

（1）微笑：此参数可以增加或消除嘴唇的微笑效果。更直观地说，其实就是改变嘴角上翘的幅度。在使用脸部工具时，可以拖动两侧嘴角的弧形控件，以增加或减少嘴角上翘的幅度，如图10.30所示，图10.31所示是提高嘴角后的效果。

图10.29

（2）上/下嘴唇：这两个参数可以分别改变上嘴唇和下嘴唇的厚度。在使用脸部工具 👤 时，可以分别拖动嘴唇上下方的弧形控件，以改变嘴唇的厚度，如图10.32所示，图10.33所示是调整嘴唇厚度后的效果。

图10.30 　　　　　　　图10.31 　　　　　　　图10.32 　　　　　　　图10.33

（3）嘴唇宽度/高度：这两个参数与前面讲解的调整眼睛的宽度和高度相似，只是此用于调整嘴唇而已。在使用脸部工具 👤 时，可以拖动嘴唇左右两侧的圆形控件，即可改变嘴唇的宽度，如图10.34所示。但无法通过控件改变嘴唇的高度。图10.35所示是改变嘴唇宽度后的效果。

图10.34 　　　　　　　图10.35

6. 脸部形状

展开"脸部形状"区域的参数，其中包含了对上额、下颌、下巴以及脸部宽度的调整参数，如图10.36所示。

图10.36

面将结合脸部工具，讲解"脸部形状"区域中各参数的作用。

（1）前额：调整此参数可以调整额头的大小。在使用脸部工具时，可以拖动顶部的圆形控件，以增大或缩小额头，如图10.37所示，图10.38所示是增大额头后的效果。

（2）下巴高度：该参数可以改变下巴的高度。在使用脸部工具时，可以拖动底部的圆形控件，以增大或缩小额头，如图10.39所示，图10.40所示是缩小下巴后的效果。

图10.37　　　　图10.38　　　　图10.39　　　　图10.40

（3）下颌：该参数可以改变下颌的宽度。在使用脸部工具时，可以拖动左下方或右下方的圆形控件，以调整两侧的下颌宽度，如图10.41所示。要注意的是，左右两侧下颌只能同步调整，无法单独单一侧。图10.42所示是缩小下颌后的效果。

（4）脸部宽度：此参数可以调整左右两侧脸部的宽度。在使用脸部工具 時，可以拖动左右两侧的圆形控件，以增加或减少脸部的宽度，如图10.43所示。要注意的是，左右两侧的脸部宽度只能同步调整，无法单独单一侧。图10.44所示是缩小脸部宽度后的效果。

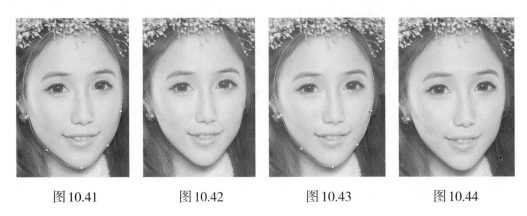

图 10.41　　　　图 10.42　　　　图 10.43　　　　图 10.44

10.3 镜头校正

选择"滤镜"|"镜头校正"命令，弹出如图10.45所示的对话框。此命令针对相机与镜头光学素质的配置文件，能够通过选择相应的配置文件，对照片进行快速的校正，这对于使用数码单反相机的摄影师而言无疑是极为有利的。

图 10.45

下面分别介绍对话框中各个区域的功能。

10.3.1　工具箱

工具箱中显示了用于对图像进行查看和编辑的工具，下面分别讲解主要工具的功能。

（1）移去扭曲工具　：使用该工具在图像中拖动可以校正图像的凸起或凹陷状态。

（2）拉直工具　：使用此功能可以校正画面的倾斜。

（3）移动网格工具　：使用该工具可以拖动"图像编辑区"中的网格，使其与图像对齐。

10.3.2　图像编辑区

该区域用于显示被编辑的图像，还可以即时地预览编辑图像后的效果。单击该区域左下角的　按钮可以缩小显示比例，单击　按钮可以放大显示比例。

10.3.3　原始参数区

此处显示了当前照片的相机及镜头等基本参数。

10.3.4　显示控制区

该区域可以对"图像编辑区"中的显示情况进行控制。下面分别对其中的参数进行讲解。

（1）预览：选择该复选框后，将在"图像编辑区"中即时观看调整图像后的效果，否则将一直显示原图像的效果。

（2）显示网格：选择该复选框则在"图像编辑区"中显示网格，以精确地对图像进行调整。

（3）大小：在此输入数值可以控制"图像编辑区"中显示的网格大小。

（4）颜色：单击该色块，在弹出的"拾色器"对话框中选择一种颜色，即可重新定义网格的颜色。

10.3.5　参数设置区——自动校正

选择"自动校正"选项卡，可以使用此命令内置的相机、镜头等数据做智能校正。下面分别对其中的参数进行讲解。

（1）几何扭曲：选中此复选框后，可依据所选的相机及镜头，自动校正桶形或枕形畸变。

（2）色差：选中此复选框后，可依据所选的相机及镜头，自动校正可能产生的紫、青、蓝等不同的颜色　杂边。

（3）晕影：选中此复选框后，可依据所选的相机及镜头，自动校正在照片周围产生的暗角。

（4）自动缩放图像：选中此复选框后，在校正畸变时，将自动对图像进行裁剪，以避免边缘出现镂空或杂点等。

（5）边缘：当图像由于旋转或凹陷等原因出现位置偏差时，在此可以选择这些偏差的位置如何显示，其中包括"边缘扩展""透明度""黑色"和"白色"4个选项。

（6）相机制造商：此处列举了一些常见的相机生产商供选择，如Nikon（尼康）、Canon（佳能）以及SONY（索尼）等。

（7）相机/镜头型号：此处列举了很多主流相机及镜头供选择。

（8）镜头配置文件：此处列出了符合上面所选相机及镜头型号的配置文件供选择，选择完成以后，就可以根据相机及镜头的特性自动进行几何扭曲、色差及晕影等方面的校正。

10.3.6 参数设置区——自定校正

如果选择"自定"选项卡，在此区域提供了大量用于调整图像的参数，可以手动进行调整，如图10.46所示。

图 10.46

下面分别对其中的参数进行讲解。

（1）设置：在该下拉列表中可以选择预设的镜头校正调整参数。单击该项后面的管理设置按钮≡，在弹出的菜单中可以执行存储、载入和删除预设等操作。

（2）移去扭曲：在此输入数值或拖动滑块，可以校正图像的凸起或凹陷状态，其功能与移去扭曲工具相同，但更容易进行精确的控制。

（3）修复红/青边：在此输入数值或拖动滑块，可以去除照片中的红色或青色色痕。

（4）修复绿/洋红边：在此输入数值或拖动滑块，可以去除照片中的绿色或洋红色痕。

（5）修复蓝/黄边：在此输入数值或拖动滑块，可以去除照片中的蓝色或黄色色痕。

（6）数量：在此输入数值或拖动滑块，可以减暗或提亮照片边缘的晕影，使之恢复正常。以图10.47所示的原图像为例，图10.48所示是修复暗角晕影后的效果。

图10.47　　　　　　　　　　　　　　　　图10.48

（7）中点：在此输入数值或拖动滑块，可以控制晕影中心的大小。

（8）垂直透视：在此输入数值或拖动滑块，可以校正图像的垂直透视，图10.49所示就是校正前后的效果对比。

图10.49

（9）水平透视：在此输入数值或拖动滑块，可以校正图像的水平透视。

（10）角度：在此输入数值或拖动表盘中的指针，可以校正图像的旋转角度，其功能与拉直工具🖾相同，但更容易进行精确的控制。

（11）比例：在此输入数值或拖动滑块，可以对图像进行缩小和放大。需要注意的是，当对图像进行晕影参数设置时，最好调整参数后单击"确定"退出对话框，然后再次应用该命令对图像大小进行调整，以免出现晕影校正的偏差。

10.4 油画

使用"油画"滤镜可以快速、逼真地处理出油画的效果。以图 10.50 所示的图像为例，选择"滤镜"|"风格化"|"油画"命令即可调出其对话框，并从 Photoshop CC 2017 开始，对界面做了大幅的改变，主要是将原来的预览区缩小并置于参数上方，如图 10.51 所示。

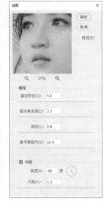

图 10.50   图 10.51

（1）描边样式：控制油画纹理的圆滑程度。数值越大，则油画的纹理显得更平滑。

（2）描边清洁度：控制油画效果表面的干净程序，数值越大，则画面越显干净，反之，数值越小，整体显得笔触较重。

（3）缩放：控制油画纹理的缩放比例。

（4）硬毛刷细节：控制笔触的轻重。数值越小，则纹理的立体感就越小。

（5）角度：控制光照的方向，从而使画面呈现出不同的光线从不同方向进行照射时的不同方向的立体感。

（6）闪亮：控制光照的强度。此数值越大，则光照的效果越强，得到的立体感效果也越强。

图 10.52 和图 10.53 所示是设置适当的参数后，处理得到的油画效果。

图 10.52

图 10.53

10.5 智能滤镜

在使用 CS3 版本之前的 Photoshop 时，如果要对智能对象图层应用滤镜，就必须将智能对象图层栅格化，此时智能对象图层将失去其智能对象的特性。

智能滤镜功能就是为了解决这一难题而产生的，通过为智能对象使用智能滤镜，不仅可以使图像具有应用滤镜命令后的效果，而且还可以对所添加的滤镜进行反复的修改。下面讲解智能滤镜的使用方法。

10.5.1 添加智能滤镜

要添加智能滤镜可以按照下面的步骤操作。

（1）选中要应用智能滤镜的智能对象图层。在"滤镜"菜单中选择要应用的滤镜命令，并设置适当的参数。

（2）设置完毕后，单击"确定"按钮退出对话框即可生成一个对应的智能滤镜图层。

（3）如果要继续添加多个智能滤镜，可以重复第 2 ~ 3 步的操作，直至得到满意的效果为止。

> **提示：** 如果选择的是没有参数的滤镜（例如查找边缘、云彩等），则直接对智能对象图层中的图像进行处理，并创建对应的智能滤镜。

如图 10.54 所示的原图像及对应的"图层"面板，如图 10.55 所示是利用"滤镜"|"像素化"|"马赛克"滤镜对图像进行处理后的效果，以及对应的"图层"面板，此时可以看到，在原智能对象图层的下方则多了一个智能滤镜图层。

图 10.54

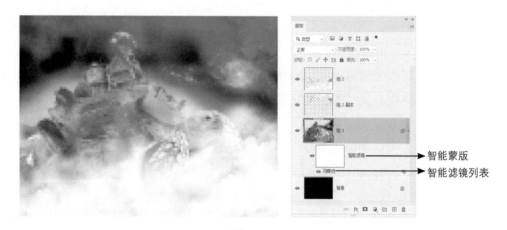

智能蒙版

智能滤镜列表

图 10.55

可以看出在一个智能对象图层中，主要是由智能蒙版以及智能滤镜列表构成，其中智能蒙版主要是用于隐藏智能滤镜对图像的处理效果，而智能滤镜列表则显示了当前智能滤镜图层中所应用的滤镜名称。

10.5.2 编辑智能滤镜蒙版

使用智能滤镜蒙版，可以使滤镜应用到智能对象图层的局部，其操作原理与图层蒙版的原理相同，即使用黑色来隐藏图像，白色显示图像，而灰色则产生一定的透明效果。

要编辑智能蒙版，可以按照下面的步骤进行操作。

（1）打开随书所附的素材"第10章\10.5-素材.psd"，选中要编辑的智能蒙版。

（2）选择绘图工具，例如画笔工具 、渐变工具 等。

（3）根据需要设置适当的颜色，然后在蒙版中涂抹即可。

如图 10.56 所示为智能蒙版中绘制蒙版后得到的图像效果，以及对应的"图层"面板，可以看出，由于蒙版黑色遮盖，导致了该智能滤镜的效果部分效果被隐藏，即滤镜命令仅被应用于局部图像中。

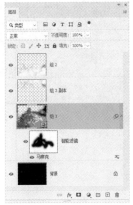

图 10.56

如果要删除智能滤镜蒙版，可以直接在蒙版缩览图中"智能滤镜"的名称上单击右键，在弹出的菜单中选择"删除滤镜蒙版"命令，如图 10.57 所示，或者选择"图层"|"智能滤镜"|"删除滤镜蒙版"命令。

在删除智能滤镜蒙版后，如果要重新添加蒙版，则必须在"智能滤镜"这 4 个字上单击右键，在弹出的菜单中选择"添加滤镜蒙版"命令，如图 10.58 所示，或选择"图层"|"智能滤镜"|"添加滤镜蒙版"命令。

图 10.57　　　　　　　　　图 10.58

10.5.3　编辑智能滤镜

智能滤镜的突出优点之一是允许操作者反复编辑所应用的滤镜的参数，其操作方法非常简单，直接在"图层"面板中双击要修改参数的滤镜名称即可。例如图10.59所示是笔者将"马赛克"滤镜参数由8改为15后的效果及"图层"面板。

图10.59

需要注意的是，在添加多个智能滤镜的情况下，如果编辑了先添加的智能滤镜，将会弹出提示框，此时，需要修改参数后才能看到这些滤镜叠加在一起应用的效果。

10.5.4 编辑智能滤镜混合选项

通过编辑智能滤镜的混合选项，可以让滤镜所生成的效果与原图像进行混合。

要编辑智能滤镜的混合选项，可以双击智能滤镜名称后面的 图标，调出类似如图10.60所示的对话框。

如图10.61所示为应用了"马赛克"智能滤镜后的效果，如图10.62所示是按上面的方法操作后，将该智能滤镜的混合模式设置成为"点光"后得到的效果。

图10.60   图10.61

图 10.62

可以看出，通过编辑每一个智能滤镜命令的混合选项，将使我们具有更大的操作灵活性。

10.5.5 删除智能滤镜

如果要删除一个智能滤镜，可直接在该滤镜名称上单击右键，在弹出的菜单中选择"删除智能滤镜"命令，或者直接将要删除的滤镜拖至"图层"面板底部的删除图层按钮 🗑 上。

如果要清除所有的智能滤镜，可在智能滤镜上（即智能蒙版后的名称）单击右键，在弹出的菜单中选择"清除智能滤镜"，或直接选择"图层"|"智能滤镜"|"清除智能滤镜"命令。

10.6 习题

1. 选择题

1. 下列关于滤镜库的说法中正确的是：（　　　）

A. 在滤镜库中可以使用多个滤镜，并产生重叠效果，但不能重复使用单个滤镜多次

B. 在滤镜库对话框中，可以使用多个滤镜重叠效果，改变这些效果图层的顺序，重叠得到的效果不会发生改变

C. 使用滤镜库后，可以按 Ctrl+F 键重复应用滤镜库中的滤镜。

D. 在"滤镜库"对话框中，可以使用多个滤镜重叠效果，当该效果层前的眼睛图标消失，单击"确定"按钮，该效果将不进行应用

2."液化"命令的快捷键是 (　　　　)。

A. Ctrl+X　　　　　　B. Ctrl+Alt+X　　　　C. Ctrl+Shift+X　　　　D. Ctrl+Alt+shift+X

3.使用"液化"命令可以完成的处理有 (　　　　)。

A.改变图像的形态　　　　　　　　　　B.增大眼睛

C.扭曲图像　　　　　　　　　　　　　D.用蒙版隐藏多余图像

4.关于文字图层执行滤镜效果的操作，下列哪些描述是正确的？(　　　　)

A.首先选择"图层"|"栅格化"|"文字"命令，然后选择任何一个滤镜命令

B.直接选择一个滤镜命令，在弹出的栅格化提示框中单击"是"按钮

C.必须确认文字图层和其他图层没有链接，然后才可以选择滤镜命令

D.必须使得这些文字变成选择状态，然后选择一个滤镜命令

2. 上机操作题

1.打开随书所附的素材"第10章\上机题1-素材.jpg"，如图10.63所示。使用"光圈模糊"滤镜处理得到如图10.64所示的效果。

图10.63　　　　　　　　　　　　　　图10.64

2.打开随书所附的素材"第10章\上机题2-素材.jpg"，如图10.65所示。使用"油画"滤镜处理得到如图10.66所示的效果。

图10.65　　　　　　　　　　　　　　图10.66

3.打开随书所附的素材"第10章\上机题3–素材.jpg"，如图10.67所示。使用"场景模糊"滤镜处理得到如图10.68所示的效果。

图 10.67

图 10.68

—— 第11章 掌握动作和自动化的应用 ——

本章主要讲解 Photoshop 中动作的应用、录制、编辑等操作的方法，及几个常用的自动化命令的使用方法，其中包括批处理、制作全景图像等。掌握这些知识并熟练其使用技巧，可以大幅度提高工作效率。

学习重点

◎ 动作面板。

◎ 创建录制并编辑动作。

◎ 使用自动命令。

很多 Photoshop 用户在使用此软件时，容易忽视动作和自动化命令的应用，但实际上这两个命令是非常有用的，在进行大量有重复性的工作时使用动作及自动化命令能大大提高工作效率。

学习本章后，读者将会掌握"动作"面板的基本操作以及如何设置动作选项，掌握创建并记录动作的方法、编辑动作的方法，及使用批处理命令对大量文件进行各类操作、使用 Photomerge 命令制作全景图像等常见任务的操作方法。

11.1 动作面板

要应用、录制、编辑、删除动作，就必须使用动作面板，可以说此面板是动作的控制中心。要显示此面板，可以选择"窗口"｜"动作"命令或直接按F9键，动作面板如图11.1所示，其中各个按钮的功能如下所述。

图11.1

（1）"停止播放/记录"按钮▪：单击该按钮，可以停止录制动作。

（2）"开始记录"按钮●：单击该按钮，可以开始录制动作。

（3）"播放选定的动作"按钮▶：单击该按钮，可以应用当前选择的动作。

（4）"创建新组"按钮▫：单击该按钮，可以创建一个新动作组。

（5）"创建新动作"按钮▫：单击该按钮，可以创建一个新动作。

（6）"删除"按钮▤：单击该按钮，可以删除当前选择的动作。

从图11.1可以看出，在录制动作时，不仅执行的命令被录制在动作中，如果该命令具有参数，参数也会被录制在动作中。因此应用动作可以得到非常精确的效果。

如果面板中的动作较多，则可以将同一类动作存放在用于保存动作的组中。用于创建文字效果的动作，可以保存于"文字效果"组；用于创建纹理效果的动作，可以保存于"纹理效果"组。

11.2　创建录制并编辑动作

11.2.1　创建并记录动作

要创建新的动作，可以按下述步骤操作。

（1）单击"动作"面板底部的"创建新组"按钮▫。

（2）在弹出的对话框中输入新组名称后，单击"确定"按钮，建立一个新组。

（3）单击"动作"面板底部的"创建新动作"按钮 ▣ ，或单击"动作"面板右上角的面板按钮 ≡ ，在弹出的菜单中选择"新建动作"命令。

（4）设置弹出的"新建动作"对话框如图11.2所示。

图11.2

1）组：在此下拉列表中列有当前"动作"面板中所有动作的名称，在此可以选择一个将要放置新动作的组名称。

2）功能键：为了更快捷地播放动作，可以在该下拉列表中选择一个功能键，从而在播放新动作时，直接按功能键即可。

（5）设置"新建动作"对话框中的参数后，单击"记录"按钮，即可创建一个新动作，同时"开始记录"按钮 ● ，则按钮自动被激活，显示为红色，表示进入动作的录制阶段。

（6）执行需要录制在动作中的命令。

（7）所有命令操作完毕，或在录制中需要终止录制过程时，单击"停止播放／记录"按钮 ■ ，即可停止动作的记录状态。

（8）在此情况下，停止录制动作前在当前图像文件中的操作，都被记录在新动作中。

11.2.2 改变某命令参数

通过修改动作中的参数，可以使我们不必重新录制一个动作，就可以完成新的工作任务。

要修改动作中命令的参数，可以在"动作"面板中双击需要改变参数的命令，在弹出的对话框中输入新的数值，确定后即可改变此命令的参数。

11.2.3 插入菜单项目

通过插入菜单项目，用户可以在录制动作的过程中，将任意一个菜单命令记录在动作中。

单击"动作"面板右上角的 ≡ 按钮，在弹出的菜单中选择"插入菜单项目"命令，弹出如图11.3所示的对话框。

弹出该对话框后，不要单击"确定"按钮关闭，而应该选择需要录制的命令，例如，选择"视图"|"显示额外内容"命令，此时的对话框将变为如图11.4所示的状态。

图11.3

图11.4

在未单击"确定"按钮关闭"插入菜单项目"对话框之前，当前插入的菜单项目是可以随时更改的，只需重新选择需要的命令即可。

11.2.4 插入停止动作

在录制动作的过程中，由于某些操作无法被录制，但却必须执行，因此需要在录制过程中插入一个"停止"对话框，以提示操作者。

选择"动作"面板弹出菜单中的"插入停止"命令，将弹出类似如图11.5所示的对话框。

图11.5

"记录停止"对话框中的重要参数解释如下：

（1）信息：在下面的文本框中输入提示性的文字。

（2）允许继续：选择此复选框，在应用动作时，弹出如图11.6所示的提示框，如果未选择此按钮，则弹出的提示框中只有"停止"按钮。

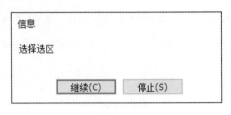

图 11.6

11.2.5 存储和载入动作集

将动作集保存起来可以在以后的工作中重复使用，或共享给他人使用。

1. 存储动作集

要保存动作集，首先在"动作"面板中选择该动作集名称，然后在面板弹出菜单中选择"存储动作"命令，在弹出的对话框中为该动作集输入名称并选择合适的存储位置。

2. 载入动作集

要载入已经保存成为文件的动作集，可以从"动作"面板中选择"载入动作"命令，在弹出的对话框中选择动作集文件夹，单击"载入"按钮即可。

在"动作"面板下拉菜单的底部有 Photoshop 默认动作集，如图 11.7 所示，直接单击所需要的动作集名称，即可载入该动作集所包含的动作。

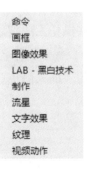

图 11.7

11.3 使用自动命令

在 Photoshop 中的"自动"命令就是将任务运用电脑计算自动进行，通过将复杂的任务组合到一个或多个对话框中，简化了这些任务，从而避免了繁重的重复性工具，提高了工作效率。

下面，我们讲解所有 Photoshop 提供的自动命令中最为常用的自动化命令。

11.3.1 批处理

如果说动作命令能够对单一对象进行某种固定操作，那么"批处理"命令显然更为强大，它能够对指定文件夹中的所有图像文件执行指定的动作。例如，如果希望将某一个文件夹中的图像文件转存成为TIFF格式的文件，只需要录制一个相应的动作，并在"批处理"命令中为要处理的图像指定这个动作，即可快速完成这个任务。

应用"批处理"命令进行批处理的具体操作步骤如下。

（1）录制要完成指定任务的动作，选择"文件"|"自动"|"批处理"命令，弹出如图11.8所示的对话框。

图11.8

（2）从"播放"区域的"组"和"动作"下拉列表中选择需要应用动作所在的"组"及此动作的名称。

（3）从"源"下拉列表中选择要应用"批处理"的文件，此下拉列表中各个选项的含义如下。

1）文件夹：此选项为默认选项，可以将批处理的运行范围指定为文件夹，选择此选项必须单击"选择"按钮，在弹出的"浏览文件夹"对话框中选择要执行批处理的文件夹。

2）导入：对来自数码相机或扫描仪的图像应用动作。

3）打开的文件：如果要对所有已打开的文件执行批处理，应该选中此选项。

4）Bridge：对显示于"文件浏览器"中的文件应用在"批处理"对话框中指定的动作。

（4）选择"覆盖动作中的'打开'命令"选项，动作中的"打开"命令将引用"批处理"的文件，而不是动作中指定的文件名。

（5）选择"包含所有子文件夹"选项，可以使动作同时处理指定文件夹中所有子文件夹包含的可用文件。

（6）选择"禁止颜色配置文件警告"选项，将关闭颜色方案信息的显示。

（7）从"目标"下拉列表中选择执行"批处理"命令后的文件所放置的位置，各个选项的含义如下。

1）无：选择此选项，使批处理的文件保持打开而不存储更改（除非动作包括"存储"命令）。

2）存储并关闭：选择此选项，将文件存储至其当前位置，如果两幅图像的格式相同，则自动覆盖源文件，并不会弹出任何提示对话框。

3）文件夹：选择此选项，将处理后的文件存储到另一位置。此时可以单击其下方的"选择"按钮，在弹出的"浏览文件夹"对话框中指定目标文件夹。

（8）选择"覆盖动作中的'存储为'命令"选项，动作中的"存储为"命令将引用批处理的文件，而不是动作中指定的文件名和位置。

（9）如果在"目标"下拉列表中选择"文件夹"选项，则可以指定文件命名规范并选择处理文件的文件兼容性选项。

（10）如果在处理指定的文件后，希望对新的文件进行统一命名，可以在"文件命名"区域设置需要设定的选项。例如，如果按照如图11.9所示的参数执行批处理后，以jpg图像为例，则存储后的第一个新文件名为"旅行001.jpg"，第二个新文件名为"旅行002.jpg"，以此类推。

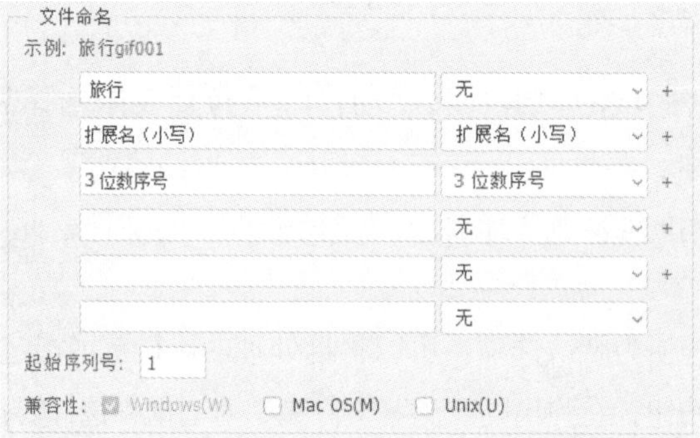

图 11.9

此选项仅在"目标"下拉列表中的"文件夹"选项被选中的情况下才会被激活。

（11）从"错误"下拉列表中选择处理错误的选项，该下拉列表中各个选项的含义如下。

1）由于错误而停止：选择此选项，在动作执行过程中如果遇到错误将中止批处理，建议不选择此选项。

2）将错误记录到文件：选择此选项，并单击下面的"存储为"按钮，在弹出的"存储"对话框输入文件名，可以将批处理运行过程中所遇到的每个错误记录并保存在一个文本文件中。

（12）设置完所有选项后单击"确定"按钮，则Photoshop开始自动执行指定的动作。

在掌握了此命令的基本操作后，可以针对不同的情况使用不同的动作完成指定的任务。

在进行"批处理"过程中，按Esc键可以中止运行批处理，在弹出的对话框中，单击"继续"按钮可以继续执行批处理，单击"停止"按钮则取消批处理。

11.3.2 合成全景照片

Photomerge命令能够拼合具有重叠区域的连续拍摄照片，使其拼合成一个连续的全景图像。使用此命令拼合全景图像，要求拍摄者拍摄出几张在边缘有重合区域的照片。比较简单的方法是，拍摄时手举相机保持高度不变，身体连续旋转几次，从几个角度将要拍摄的景物分成几个部分拍摄出来，然后在Photoshop中使用Photomerge命令完成拼接操作。

执行"文件"｜"自动"｜"Photomerge"命令，弹出如图11.10所示的对话框。

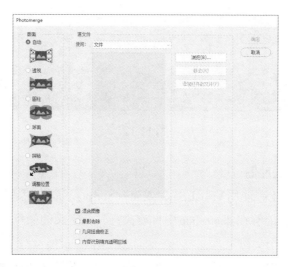

图11.10

Photomerge对话框中的参数解释如下：

（1）文件：可以使用单个文件生成Photomerge合成图像。

（2）文件夹：使用存储在一个文件夹中的所有图像文件来创建Photomerge合成图像。该文件夹中的文件会出现在此对话框中。

对话框中其他参数释义如下。

（1）混合图像：选择此选项，可以使Photoshop自动混合图像，以尽可能地智能化拼合图像。

（2）晕影去除：选择此选项，可以补偿由于镜头瑕疵或者镜头遮光处理不当而导致照片边缘较暗的现象，以去除晕影并执行曝光度补偿操作。

（3）几何扭曲校正：选择此选项，可以补偿由于拍摄问题在照片中出现的桶形、枕形或者鱼眼失真。

（4）内容识别填充透明区域：选中此选项后，可在自动混合图像时，会自动对空白区域进行智能填充。

以图 11.11 所示的 4 幅照片为例，图 11.12 所示是将其拼合在一起，并适当裁剪、修复后的效果。

图 11.11

图 11.12

11.3.3 图像处理器

在 Windows 平台上，使用 Visual Basic 或 Java Script 所撰写的脚本都能够在 Photoshop 中调用。使用脚本，能够在 Photoshop 中自动执行其所定义的操作，操作范围既可以是单个对象也可以是多个文档。

执行"文件"|"脚本"|"图像处理器"命令，能够转换和处理多个文件，从而完成以下各项操作。

（1）将一组文件的文件格式转换为 *.jpeg、*.psd 或者 *.tif 格式之一，或者将文件同时转换为以上三种格式。

（2）使用相同选项来处理一组相机原始数据文件。

（3）调整图像的大小，使其适应指定的大小。

要执行此命令处理一批文件，可以参考以下操作步骤。

（1）执行"文件"|"脚本"|"图像处理器"命令，弹出如图 11.13 所示的"图像处理器"对话框。

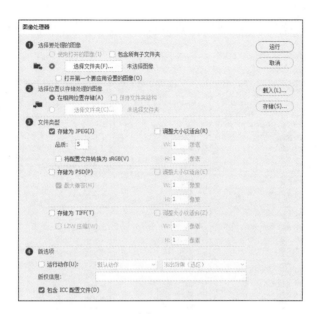

图11.13

（2）单击"使用打开的图像"单选按钮，处理所有当前打开的图像文件；也可以单击"选择文件夹"按钮，在弹出的"选择文件夹"对话框中选择处理某一个文件夹中所有可处理的图像文件。

（3）单击"在相同位置存储"单选按钮，可以使处理后生成的文件保存在相同的文件夹中；也可以单击"选择文件夹"按钮，在弹出的"选择文件夹"对话框中选择一个文件夹，用于保存处理后的图像文件。

如果多次处理相同的文件并将其存储到同一个目标文件夹中，则每个文件都将以其自己的文件名存储，而不进行覆盖。

（4）在"文件类型"选项区中选择要存储的文件类型和选项。在此区域中可以选择将处理的图像文件保存为*.jpeg、*.psd、*.tif中的一种或者几种。如果选择"调整大小以适合"选项，则可以分别在"W"和"H"数值框中键入宽度和高度数值，使处理后的图像符合此尺寸。

（5）在"首选项"选项区中设置其他处理选项，如果还需要对处理的图像运行动作中所定义的命令，选择"运行动作"选项，并在其右侧选择要运行的动作；如果选择"包含 ICC 配置文件"选项，则可以在存储的文件中嵌入颜色配置文件。

（6）参数设置完毕后，单击"运行"按钮。

11.3.4 堆栈合成

堆栈是一个比较抽象的概念，实际上其功能非常简单，就是将一组图像叠加起来成为一个文档（每张图像一个图层），如图11.14所示就是将50多张照片堆栈在一起时的"图层"面板。

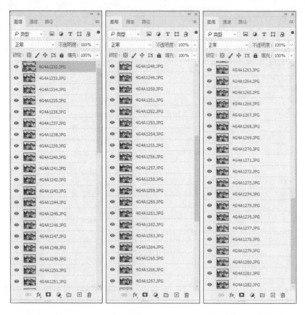

图11.14

当然，仅仅叠加起来是没有任何意义的，其作用在于，通常是将载入的图像转换成为智能对象，然后利用其堆栈模式，让图像之间按照指定的堆栈模式进行合成，从而形成独特的图像效果。该功能在摄影后期处理领域应用得最为广泛，如合成星轨、流云、无人风景区等，都可以通过此功能进行合成。下面将以使用堆栈功能合成星轨为例，讲解其使用方法。

使用堆栈法合成星轨是近年非常流行的一种拍摄星轨的技术，摄影师可以以固定的机位及曝光参数，连续拍摄成百上千张照片，然后通过后期合成为星轨效果，这种方法合成得到的星轨，可以有效避免传统方法的拍摄问题。通常来说，单张照片曝光的时间越长、照片的数量越多，那么最终合成得到的星轨数量也就越多、弧度也越长。要注意的是，如果原片有明显的问题，如存在大量噪点、意外出现的光源等，应提前进行处理，以避免影响合成结果。尤其是噪点多的情况，可能会导致最终出现由噪点组成的伪"星轨"。

（1）选择"文件"｜"脚本"｜"将文件载入堆栈"命令，在弹出的对话框中单击"浏览"按钮，如图11.15所示。

（2）在弹出的"打开"对话框中，打开随书所附的素材文件夹"第11章\11.3.4-素材"，按Ctrl+A键选中所有要载入的照片，再单击"打开"按钮以将其载入到"载入图层"对话框，并注意一定要选中"载入图层后创建智能对象"选项，如图11.16所示。

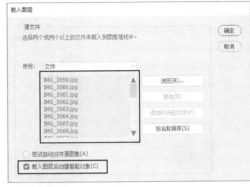

图11.15　　　　　　　　　　　　　　　　　图11.16

（3）单击"确定"按钮即可开始将载入的照片堆栈在一起并转换为智能对象，如图11.17所示。

若在"载入图层"对话框中，忘记选中"载入图层后创建智能对象"选项，可以在完成堆栈后，选择"选择"|"所有图层"命令以选中全部的图层，再在任意一个图层名称上单击右键，在弹出的菜单中选择"转换为智能对象"命令即可。

（4）选中堆栈得到的智能对象，再选择"图层"|"智能对象"|"堆栈模式"|"最大值"命令，并等待Photoshop处理完成，即可初步得到星轨效果，如图11.18所示，此时的"图层"面板如图11.19所示。

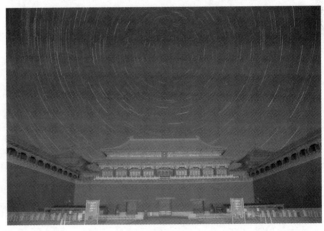

图11.17　　　　　　　　　　　　　　图11.18

通过上面的操作，就初步完成了星轨的合成，接下来可以根据需要对照片进行曝光及色彩等方面的润饰处理，由于不是本节要讲解的重点，故不再详细说明，图11.20

所示是最终修饰好的照片效果。

图 11.19   图 11.20

第 1 步执行堆栈处理后的智能对象图层，是将所有的照片文档都包含在其中，因此该图层会极大地增加保存时的大小，在确认不需要对该图层做任何修改后，可以在其图层名称上单击右键，在弹出的菜单中选择"栅格化图层"命令，从而将其转换为普通图层。

11.4 习题

1. 选择题

1. 下列无法记录在动作中的是：（　　　　）

A. 设置前景色　　　　　　　　　　B. 使用画笔工具 ✐ 进行涂抹

C. 新建文档　　　　　　　　　　　D. 取消选区

2. 对一定数量的文档，用同样的动作进行操作，以下方法中效率最高的是：（　　　）

A. 将该动作的播放设置快捷键，对于每一个打开的文件按一键即可以完成操作

B. 选择菜单"文件" | "自动" | "批处理"命令，对文件进行处理

C. 将动作存储为"样式"，对每一个打开的文件，将其拖放到图像内即可以完成操作

D. 在文件浏览器中选中所有需要处理的文件，单击鼠标右键，在弹出的菜单中选择"应用动作"命令

3. 要显示"动作"面板，可以按（　　　）键。

A. F9　　　　　　　B. F10　　　　　　　C. F11　　　　　　　D. F6

4.在Photoshop中，要将多张照片拼合为全景图，可以使用哪个命令：（　　　）

A. Photomerge　　　　　B.合并全景图　　　　C.合并HDR Pro　　　D.批处理

5.关于"动作"记录，以下说法正确的是：（　　　）

A."自由变换"命令的记录，可以通过"动作"面板右上角弹出的菜单中"插入菜单"命令实现

B.钢笔绘制路径不能直接记录为动作，可以通过"动作"面板右上角弹出的菜单中"插入路径"命令实现

C.选区转化为路径不能被记录为动作

D."动作"面板右上角弹出的菜单中选择"插入停止"，当动作运行到此处，会弹出下一步操作的参数对话框，让操作者自行操作，操作结束后会继续执行后续动作

6.使用"图像处理器"可以完成的工作有：（　　　）

A.将图像输出为PSD或JPEG格式

B.在处理图像的同时应用动作

C.改变图像的尺寸

D.设置输出JPEG时的品质

2.上机操作题

1.打开随书所附的素材"第11章\上机题1－素材.jpg"，如图11.21所示。创建一个动作，然后执行"亮度/对比度"及"自然饱和度"命令对照片进行处理，关闭并保存对照片的处理，得到如图11.22所示的效果。

图11.21　　　　　　　　　　　　　图11.22

2.使用随书所附的素材"第11章\上机题2－素材.jpg"中的照片，利用上一题中录制得到的动作，执行"批处理"命令对其中所有的照片进行处理，并将处理完成的照片以"Photos_3位序号"的方式进行命名，处理后的效果如图11.23所示。

图 11.23

3. 使用随书所附的素材"第 11 章\上机题 3– 素材 .jpg"中的照片,将其合成为全景图,如图 11.24 所示。

图 11.24

第12章 综合案例

在前面的11章中已经讲解了Photoshop的基础知识，本章讲解了多个综合案例，每个案例都有不同的知识侧重点，希望读者通过练习这些案例，相信能够帮助读者融会贯通前面所学习的工具、命令与重要概念。

12.1 电商横幅广告

1. 例前导读

本例设计的是商品详情页中的广告，通常是摆放在详情页的起始处，用于展示店铺的促销信息、其他商品介绍等，较常见的是宽度尺寸为790px（天猫店铺）、750px（淘宝店铺），高度则没有具体要求，可根据设计需要进行设置或由客户指定，在本例中，具体尺寸为790×386px。值得一提的是，该广告在修改尺寸后，也适用于淘宝店铺首页的轮播广告，其常用的宽度尺寸为950px，高度则没有严格的限制，往往是根据商家需要进行设计。

2. 核心技能

（1）使用"渐变"填充图层制作渐变背景。

（2）输入并设置文本属性。

（3）使用图层样式制作立体效果。

（4）使用图层样式制作发光效果。

（5）使用图层样式制作描边效果。

（6）绘制图像与形状。

（7）使用智能对象与智能滤镜制作特效。

（8）导出适合网络的图像。

3. 操作步骤

（1）启动Photoshop，按Ctrl+N键新建一个文档，设置弹出的对话框如图12.1所示，单击"确定"按钮退出对话框，创建得到一个空白文档。

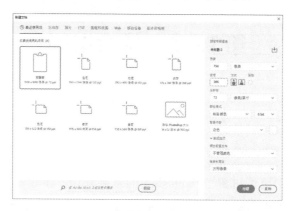

图12.1

（2）单击创建新的填充或调整图层按钮 ，在弹出的菜单中选择"渐变"命令，设置弹出的对话框如图12.2所示，得到如图12.3所示的效果，同时得到图层"渐变填充1"。

图12.2

图12.3

> 提示：在"渐变填充"对话框中，所使用的渐变从左至右各个色标的颜色值依次为a922e1和540887。

（3）选择横排文字工具 ，在文档中输入文字"满1000返3%"，其中文字"满1000返"的颜色为白色，其他属性设置如图12.4所示；文字"3%"的颜色值为fff600，其他属性设置如图12.5所示，设置完成后确认输入并适当调整其位置，如图12.6所示，同时得到一个对应的文字图层。

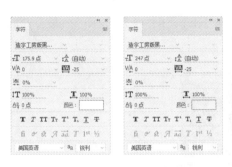

图12.4　　　　　图12.5　　　　　　　　　图12.6

（4）下面来为文字增加立体感及发光等特殊效果。单击添加图层样式按钮 *fx*，在弹出的菜单中选择"斜面和浮雕"命令，设置弹出的对话框如图12.7所示，然后继续选择"外发光"和"投影"图层样式并分别设置其参数，如图12.8和图12.9所示，得到如图12.10所示的效果。

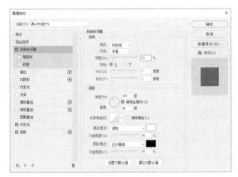
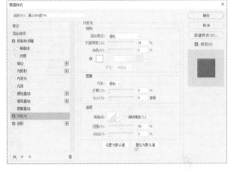

图12.7　　　　　　　　　　　　图12.8

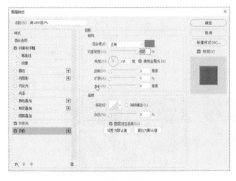

图12.9　　　　　　　　　　　图12.10

（5）下面进一步增加文字的层次。复制文字图层"满1000返3%"得到"满1000返3%拷贝"，并将其移至"满1000返3%"下方，在"字符"面板中将整个文字图层中的文字颜色修改为b5248c，然后向右下移动一些，得到如图12.11所示的效果，此时的"图层"面板如图12.12所示。

图12.11   图12.12

（6）单击添加图层样式按钮 fx. ，在弹出的菜单中选择"描边"命令，设置弹出的对话框如图12.13所示，得到如图12.14所示的效果。其中颜色块的颜色值为470f5f。

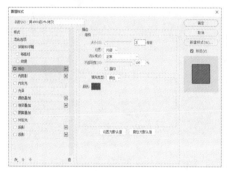

图12.13   图12.14

（7）下面继续制作其他文字效果。选择横排文字工具 T. ，在文档中输入文字"现场下现场返"，其中文字的颜色值为27edf9，其他属性设置如图12.15所示，设置完成后确认输入并适当调整其位置，如图12.16所示，同时得到一个对应的文字图层。

图12.15   图12.16

（8）单击添加图层样式按钮 fx，在弹出的菜单中选择"描边"命令，设置弹出的对话框如图 12.17 所示，得到如图 12.18 所示的效果。其中颜色块的颜色值为 470f5f。

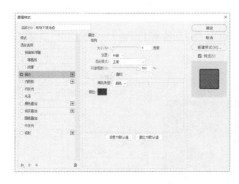

图 12.17　　　　　　　　　　　　　　　图 12.18

（9）下面在描边后的文字下方再涂抹一些图像。新建得到"图层 1"并将其拖至文字图层"现场下现场返"下方，设置前景色的颜色值为 3d0c54，选择画笔工具 并设置适当画笔大小及不透明度，在文字下方涂抹，得到如图所 12.19 示的效果。

图 12.19

（10）按照第 9 步的方法在文档下方中间处输入文字"正式订单定金满 1000 返现 3%"，如图 12.20 所示。

图 12.20

（11）选择文字图层"现场下现场返"，选择"文件｜置入嵌入的智能对象"命令，在弹出的对话框中打开随书所附的素材"第12章\12.1－素材1.ai"，在接下来弹出的"打开智能对象"对话框中直接单击"确定"按钮，然后调整其大小及位置，如图12.21所示。按Enter键确认置入素材，并将对应的图层名称修改为"图层2"，此时的"图层"面板如图12.22所示。

图12.21　　　　　　　　　　　图12.22

（12）单击添加图层样式按钮 fx，在弹出的菜单中选择"颜色叠加"命令，设置弹出的对话框如图12.23所示，得到如图12.24所示的效果。其中颜色块的颜色值为ff2cd3。

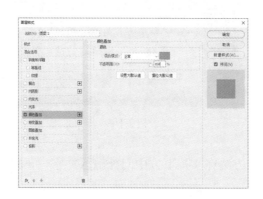

图12.23

图12.24

（13）下面再为主体文字的空白处增加一些装饰色。选择文字图层"满1000返3%拷贝"，新建得到"图层3"，选择矩形工具 □ 并在其工具选项栏上选择"像素"选项，分别设置前景色的颜色值为0af1ad、ff49b7、3ceff9和01ff16，然后在主题文字的3个"0"和"%"处绘制图形，得到类似如图12.25所示的效果，图12.26所示是仅显示"图层3"时的状态。

图 12.25

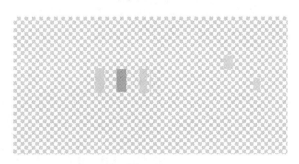

图 12.26

提示： 至此，广告的主体图像已经基本完成，下面来绘制一些装饰元素，使画面变得更加丰富。

（14）设置前景色的颜色值为31ece2，选择钢笔工具 ∅ 并在其工具选项栏上选择"形状"选项及"合并形状"选项，在画布中绘制一个三角形，如图12.27所示，同时得到对应的图层"形状1"。

图 12.27

（15）使用路径选择工具 ▶ 选中上一步绘制的路径，按 Ctrl+C 键进行复制，按 Ctrl+V 键进行粘贴。然后使用直接选择工具 ▶ 分别选择三角形的各个节点并向内拖动，并在工具选项栏上设置其运算模式为"减去顶层形状"，得到类似如图 12.28 所示的效果。

图 12.28

（16）单击添加图层样式按钮 fx，在弹出的菜单中选择"投影"命令，设置弹出的对话框如图 12.29 所示，得到如图 12.30 所示的效果。其中颜色块的颜色值为 00575f。

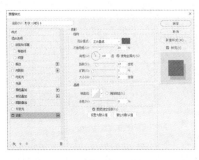　　　

图 12.29　　　　　　　　　　　图 12.30

（17）复制"形状 1"得到"形状 1 拷贝"，按 Ctrl+T 键调出自由变换控制框，按住 Shift 键将其缩小并适当旋转一定角度，然后置于文档右上角的位置，按 Enter 键确认变换，得到如图 12.31 所示的效果。

图 12.31

（18）按照上一步的方法，再复制3次并调整大小及位置，将其中2个的颜色值修改为ff2bc9，得到类似如图12.32所示的效果。

图12.32

（19）选中右上角的大三角形所在的图层，并将其转换为智能对象图层，然后选择"滤镜｜模糊｜高斯模糊"命令，在弹出的对话框中设置其参数，如图12.33所示，单击"确定"按钮退出对话框，得到如图12.34所示的效果，使画面更有层次感。

图12.33

图12.34

（20）按照上述方法，再分别绘制其他装饰元素，如圆环、彩带及圆形等，并适当调整元素的大小、颜色及位置等，得到如图12.35所示的最终效果，此时的"图层"面板如图12.36所示。

图12.35

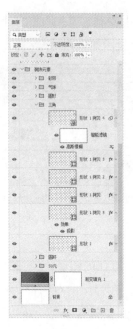

图 12.36

> **提示**：至此，整个广告已经全部设计完毕，下面来将其导出为JPG格式文件。为了便于以后在工作过程中快速导出，本例将对Photoshop及相关导出功能进行设置。

（21）选择"编辑 | 首选项 | 导出"命令，在弹出的对话框中设置参数，如图12.37所示。其是JPG格式是网络中使用最为广泛的图片格式，"品质"设置为80（最大值为100）是为了少量对图片进行压缩，但基本不影响观看效果。选中"将文件导出到当前文件夹旁的资源文件夹"，可以在快速导出时可以在当前文档所在文件夹下方创建一个"文件名"+"-assets"的文件夹，并将快速导出的文件保存在该文件夹中。

图 12.37

（22）选择"文件 | 导出 | 快速导出为JPG"命令，即可按照设定的参数导出JPG图片，成功导出后会自动打开文件所在的文件夹。

> 提示：只在"首选项 | 导出"对话框中选择了JPG选项，才会显示"快速导出为JPG"命令，默认情况下显示的是"快速导出为PNG"。用户也可以在拼合图像后使用"文件 | 存储为"命令，在弹出对话框的"保存类型"列表中选择JPEG选项并保存，然后在"JPEG选项"对话框中设置将"品质"设置为10（最大值为12）即可，如图12.38所示。

图 12.38

12.2 日系餐具网店详情页设计

1. 例前导读

本例是为日系餐具设计的网店详情页，其主要内容为展示餐具的设计理念、尺寸规格等，并根据展示内容的不同，分为首屏图及几大部分的详细介绍，为便于管理和设计，本例将按照首屏图及详细介绍的各部分，将内容分置于各个画板上。在具体的设计尺寸上，本例详情页的宽度为790px，高度通常没有严格限制，可根据设计需要进行设置。

2. 核心技能

（1）使用变换功能调整图像大小。

（2）绘制形状并设置其填充与描边属性。

（3）输入并设置文本属性。

（4）使用混合模式融合图像。

（5）创建画板并在其中进行设计。

（6）导出多个画板中的图像。

3. 操作步骤

（1）启动Photoshop，按Ctrl+N键新建一个文档，在弹出的"新建"对话框中勾选"画板"，并设置参数如图12.39所示，单击"确定"按钮，退出对话框，创建一个新的空白文件，如图12.40所示，此时的"图层"面板如图12.41所示。

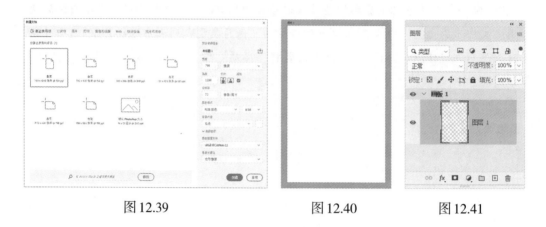

| 图12.39 | 图12.40 | 图12.41 |

（2）打开随书所附的素材"第12章\12.2–素材1.jpg"，使用移动工具 ⊕ 按住Shift键将其拖至本例操作的文件中，得到"图层2"。按Ctrl+T键调出自由变换控制框，将光标置于控制框的任意一角，按住Shift键对图像进行等比例缩放操作，使其覆盖整个画板，如图12.42所示，按Enter键确认变换操作。

（3）下面在画板中绘制两个线型边框。选择矩形工具 □，在其工具选项栏上选择"形状"选项及"合并形状"选项，然后在画布中绘制矩形，如图12.43所示，同时得到图层"矩形1"。

（4）在工具选项栏上设置矩形的填充色为无，描边色为99ccf2，粗细为2像素，得到如图12.44所示的效果。设置"矩形1"的不透明度为50%，得到如图12.45所示的效果。

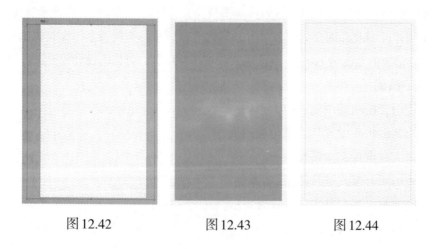

| 图12.42 | 图12.43 | 图12.44 |

（5）复制"矩形1"得到"矩形1拷贝"，按Ctrl+T键调出自由变换控制框，将光标置于控制框的任意一角，按住Alt键对图像进行向内收缩处理，按Enter键确认变换操作，得到如图12.46所示的效果。

（6）按照第2步的方法，打开随书所附的素材"第12章\12.2-素材2.psd"，将其拖至本例操作的文件中，得到"图层3"，并置于画板的下方，如图12.47所示，此时的"图层"面板如图12.48所示。

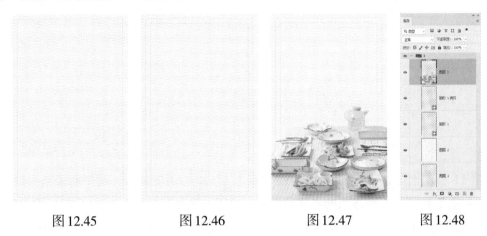

图12.45　　　图12.46　　　图12.47　　　图12.48

（7）按照第2步的方法，打开随书所附的素材"第12章\12.2-素材3.psd"，将其拖至本例操作的文件中，得到"图层4"，并置于画板的左上方，如图12.49所示。

（8）复制"图层3"两次，结合自由变换功能，改变拷贝图层中的图像的角度，分别置于画板的右上方和右下方，如图12.50所示。

（9）下面来绘制用于放置主体文字的装饰圆环。选择矩形工具 ，在其工具选项栏上选择"形状"选项及"合并形状"选项，然后按住Shift键在画布中绘制一个正圆，如图12.51所示，同时得到图层"椭圆1"。

图12.49　　　　　图12.50　　　　　图12.51

（10）在工具选项栏上设置椭圆的填充色为无，描边色为434343，粗细为3像素，得到如图12.52所示的效果，此时的"图层"面板如图12.53所示。

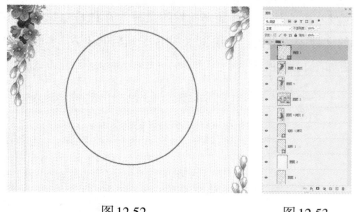

图12.52   图12.53

（11）单击添加图层蒙版按钮 ▣ 为"椭圆1"添加图层蒙版，设置前景色为黑色，选择画笔工具 ✐ 并设置适当的画笔大小及不透明度等参数，如图12.54所示。

（12）使用画笔工具 ✐ 在右上方和左下方的圆环上上涂抹，以隐藏相应区域的图像内容，如图12.55所示。

图12.54   图12.55

（13）复制"椭圆1"得到"椭圆1拷贝"，按Ctrl+T键调出自由变换控制框，按住Alt+Shift键向内适当缩小，并顺时针旋转一定角度，使两个圆环之间有一定错落，按Enter键确认变换操作，得到如图12.56所示的效果。

（14）选择椭圆工具 ⊙ 并在其工具选项栏上设置"椭圆1拷贝"中圆形的描边粗细为1像素，得到如图12.57所示的效果。

图 12.56　　　　　　　　　　　　　图 12.57

（15）下面制作圆环内容部的主体文字及其装饰图像。利用横排文字工具 T，并在其工具选项栏上设置适当的字体、字号等参数，在圆环内部分别输入文字"日""系""餐""具"，并适当调整它们的位置，如图 12.58 所示，同时得到对应的文字图层。

（16）为了便于为四个文字图层统一添加阴影，下面来将 4 个文字图层选中，并按 Ctrl+G 键将其编组，得到"组1"，此时的"图层"面板如图 12.59 所示。

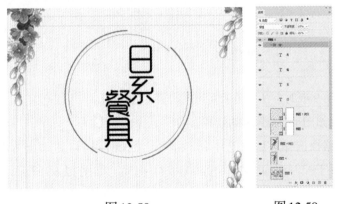

图 12.58　　　　　　　　　　　　　图 12.59

（17）单击添加图层样式按钮 fx，在弹出的菜单中选择"投影"命令，在弹出的对话框中设置参数，如图 12.60 所示，得到如图 12.61 所示的效果，其中颜色块的颜色值为 ccc5c5，此时的"图层"面板如图 12.62 所示。

（18）按照第 2 步的方法，打开随书所附的素材"第 12 章\12.2–素材 4.psd"，将其拖至本例操作的文件中，得到"图层 5"，并置于文字上方，如图 12.63 所示。设置"图层 5"的混合模式为"滤色"，得到如图 12.64 所示的效果。

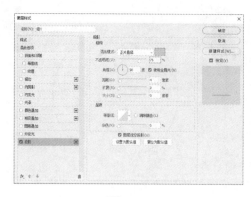

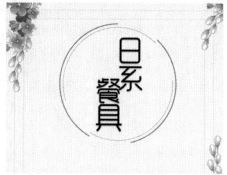

图 12.60 图 12.61

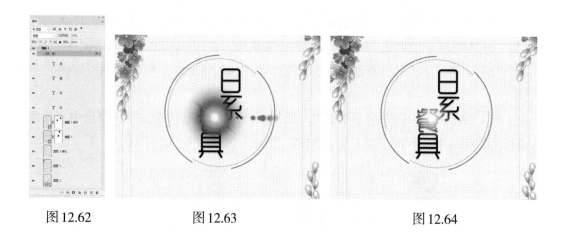

图 12.62 图 12.63 图 12.64

（19）按照第9步的方法，在文字"餐具"左侧绘制一个红色正圆，其填充颜色值为 e00534，得到如图 12.65 所示的效果。

（20）使用路径选择工具 ▶ 选中圆形路径，按 Ctrl+Alt+T 键调出自由变换并复制控制框，将光标置于控制框内并按住 Shift 键向下拖动，如图 12.66 所示。按 Enter 键确认

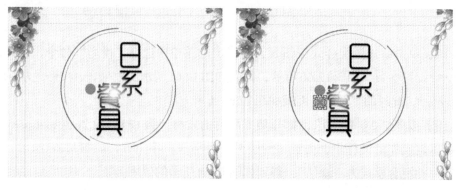

图 12.65 图 12.66

变换，同时得到其拷贝对象。

（21）连续按Ctrl+Alt+Shift+T键执行连续变换并复制操作2次，直至得到图12.67所示的效果。

（22）按照第15步的方法，在红色圆形及主体文字周围输入其他说明文字，直至得到类似如图12.68所示的效果。

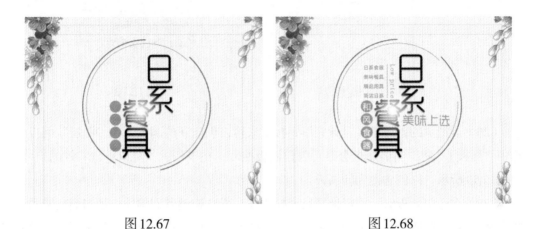

图12.67   图12.68

（23）打开随书所附的素材"第12章\12.2-素材5.psd"，如图12.69所示，将其移至本例操作的文件中，置于圆环内部。如图12.70所示。

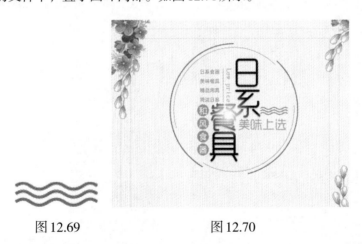

图12.69   图12.70

（24）按照第2步的方法打开随书所附的素材"第12章\12.2-素材6.psd"和"第12章\12.2-素材7.psd"，并将其移至本例操作的文件中，分别置于圆环内部即可，如图12.71所示。

（25）使用直线工具，并在其工具选项栏上设置宽度为2像素，分别在圆环周围绘制四条装饰斜线，并在下方输入说明文字即可，此时的"图层"面板如图12.72所示。

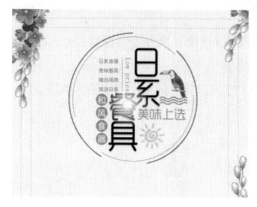

图 12.71   图 12.72

（26）详情页的首屏已经设计完毕，接下来可以创建新的画板。在"图层"面板中选中"面板 1"后，当前面板会显示创建面板控件，在本例中，可以单击右侧的控件，如图 12.73 所示，以创建得到新画板。

（27）在选中画板时，可以像执行变换操作一样，拖动其周围的控制句柄改变画板的大小，图 12.74 所示是向下增加画板尺寸后的效果。用户也可以在工具选项栏中输入宽度和高度的具体数值。

图 12.73   图 12.74

（28）创建画板后，可以在其中继续添加其他详细介绍的内容。在本例中，详细介绍的内容相对较为简单，以图片展示和文字说明为主，故不再详细讲解，图 12.75 所示是设计完成后的效果，对应的"图层"面板如图 12.76 所示。

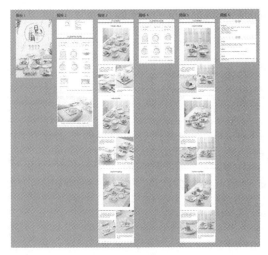

图12.75　　　　　　　　　　　图12.76

（29）可以按照上一例的方法，将每个画板导出为一个JPG格式的文件即可。

提示：为了避免单个文件过大，导致图片加载过慢，因此对个别过大的文件，可将其裁剪为两个或多个文件，以降低单个文件的大小，通常单个文件控制在500KB以内即可。

12.3　运动APP界面设计

1. 例前导读

本例是为一款运动APP设计的界面，用于展示其运动、统计及一卡通三大主界面的内容。为便于管理和设计，本例将按照其三大主界面将内容分置于各个画板上。在具体的设计尺寸上，本例采用较为常见的1080*1920px。目前，APP界面普遍以简约风格为主，因此本例在设计上也采用了大量的图形，并配合明快的单色及渐变进行设计。此外，作为界面设计的重要元素，图标也是其重点，本例中，是以简约的单线条图标为主并以素材的形式给出。

2. 核心技能

（1）绘制形状并设置其填充与描边属性。

（2）绘制与编辑矢量图形。

（3）置入并处理矢量格式文件。

（4）使用变换功能调整图像大小。

（5）使用图层样式为图像叠加颜色、制作发光效果等。

（6）输入并设置文本属性。

（7）创建画板并在其中进行设计。

（8）导出多个画板中的图像。

3. 操作步骤

（1）启动 Photoshop，按 Ctrl+N 键新建一个文档，在弹出的"新建"对话框的"文档类型"下拉列表中选择"画板"，并在下面设置参数，如图 12.77 所示，单击"确定"按钮，退出对话框，创建一个新的空白文件，此时的"图层"面板如图 12.78 所示。

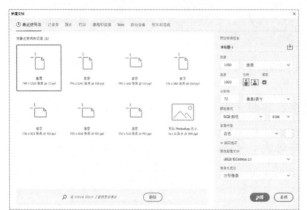 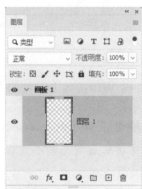

图 12.77　　　　　　　　　　　　　图 12.78

（2）单击创建新的填充或调整图层按钮 ，在弹出的菜单中选择"渐变"命令，在弹出的对话框中设置参数，如图 12.79 所示，然后单击"确定"按钮退出对话框，得到如图 12.80 所示的效果，同时得到图层"渐变填充 1"。

图 12.79　　　　　　　　　　　　　图 12.80

> **提示：** 在"渐变填充"对话框中，所使用的渐变从左至右各个色标的颜色值依次为 7a4ad2 和 3faef6。

（3）设置前景色为白色，选择矩形工具 □，在其工具选项栏上选择"形状"选项及"合并形状"选项，然后在画布下方绘制一个白色矩形，如图12.81所示，同时得到图层"矩形1"。

（4）复制"矩形1"得到"矩形1拷贝"，双击其图层缩略图，在弹出的对话框中修改其颜色值为254365，并使用移动工具 ✛ 向下拖动图像，直至得到类似如图12.82所示的效果。

（5）下面来置入并处理底部的图标。选择"文件"｜"置入链接的智能对象"命令，在弹出的对话框中打开随书所附的素材"第12章\12.3–素材1.ai"，然后在弹出的对话框中单击"确定"，并适当调整图像的大小并置于底部中间处，如图12.83所示。

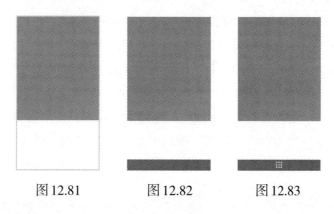

图12.81　　　　　图12.82　　　　　图12.83

（6）按Etner键确认置入，并将得到的图层重命名为"图层1"。单击添加图层样式按钮 ƒx，在弹出的菜单中选择"颜色叠加"命令，在弹出的对话框中设置参数，如图12.84所示，其中颜色块的颜色值为14bfe0。

（7）继续选择"描边"和"外发光"选项并设置其参数，如图12.85和图12.86所示，其中颜色块的颜色值分别为3cdfff和3cdfff，得到类似如图12.87所示的效果。

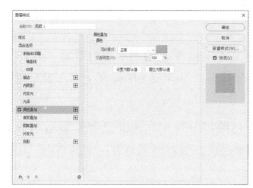

图12.84

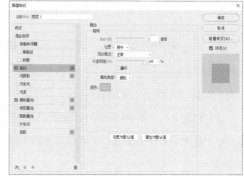

图12.85

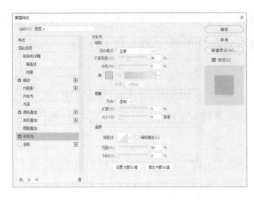

图 12.86   图 12.87

（8）按照步骤5~7的方法，再置入随书所附的素材"第12章\12.3-素材2.ai""第12章\12.3-素材3.ai"，并分别将其置于蓝色图标的左右两侧，同时得到图层"图层2"和"图层3"，并为其添加"颜色叠加"图层样式，设置叠加的颜色为白色即可，得到类似如图12.88所示的效果，此时的"图层"面板如图12.89所示。

（9）打开随书所附的素材"第12章\12.3-素材4.jpg"，使用移动工具 ⊕.按住 Shift 键将其拖至本例操作的文件中，得到"图层4"，并设置其混合模式为"滤色"，然后将图像移至文档的顶部，以作为界面顶部的状态栏，如图12.90所示。

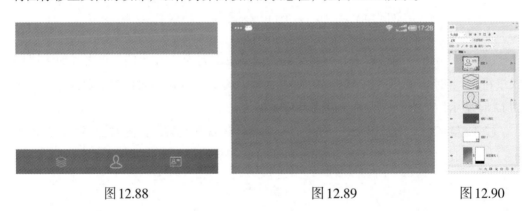

图 12.88   图 12.89   图 12.90

（10）再次按照第8步的方法，结合横排文字工具 T.及随书所附的素材"第12章\12.3-素材5.ai""第12章\12.3-素材6.ai"，在状态栏下方添加图标及文字，直至得到类似如图12.91所示的效果。

（11）此时，界面底部的渐变色彩中蓝色的部分较少，因此下面来做适当的调整。使用矩形选框工具 □.沿界面边缘绘制一个选区，仅在底部留有一定的空白，如图12.92所示。

（12）按 Ctrl+shift+I 键执行反选操作，并选择"渐变填充1"的图层蒙版，设置前景色为黑色，然后按 Alt+Delete 键填充选区，以隐藏该部分的渐变填充，这样该渐变填充图层会自动更新渐变，按Ctrl+D键取消选区，得到如图12.93所示的效果。

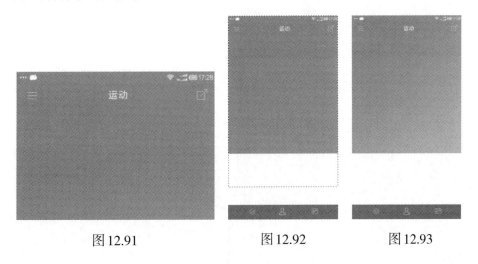

图12.91　　　　　　　　　图12.92　　　　　　　　　图12.93

提示：至此，当前APP界面的基本框架已经制作完成，在后面设计其他界面时，为保持一致，也需要调用这些基础元素。

（13）为便于管理，可以将现有的图层选中并按Ctrl+G键进行编组，然后将其重命名为"基本组件"，此时的"图层"面板如图12.94所示。

（14）下面来绘制界面上方的主体图像。设置前景色为任意色，选择椭圆工具 ，在其工具选项栏上选择"形状"选项及"合并形状"选项，然后按住Shift键在界面中上方绘制正圆，如图12.95所示，同时得到一个图层"椭圆1"。

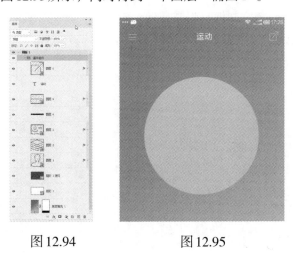

图12.94　　　　　　　　　图12.95

（15）在工具选项栏中设置椭圆的填充色为无，描边色为白色，粗细为2像素，如图12.96所示，以制作一个细圆框效果，如图12.97所示。设置"椭圆1"的不透明度为50%，得到如图12.98所示的效果。

图12.96

（16）复制"椭圆1"得到"椭圆1拷贝"并设置其不透明度为100%，再在工具选项栏中设置其描边色为3cdfff，粗细为16像素，得到如图12.99所示的效果。

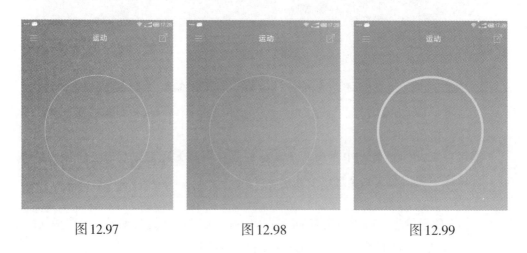

图12.97   图12.98   图12.99

（17）使用直接选择工具 ，选中圆形最左侧的锚点，如图12.100所示，并按Delete键将其删除，得到如图12.101所示的效果。

（18）选择"椭圆1"并按Shift键单击"椭圆1拷贝"以选中这两个图层，然后按Ctrl+T键调出自由变换控制框，将其旋转一定角度，再按Alt+Shift键向内缩小一些，并按Enter键确认变换，然后修改较粗的线条的描边色为efc76f，粗细为12像素，得到如图12.102所示的效果。

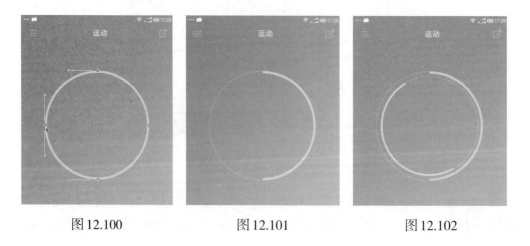

图12.100   图12.101   图12.102

（19）按照上一步的方法，再次向内复制两个圆框并适当调整粗线框的颜色，直至得到类似如图12.103所示的效果，此时的"图层"面板如图12.104所示。

（20）利用横排文字工具 T.，并在其工具选项栏上设置适当的字体、字号等参数，在圆环内部位置输入文字，得到类似如图12.105所示的效果，同时得到对应的文字图层。

（21）下面来设计界面下方白色区域的图像。设置前景色为任意色，选择直线工具 ，在其工具选项栏上选择"形状"选项及"合并形状"选项，然后按住Shift键在白色图形内部绘制一个垂直直线，如图12.106所示，同时得到图层"形状1"。

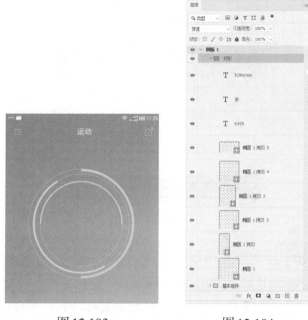

图12.103　　　　　　　　　图12.104

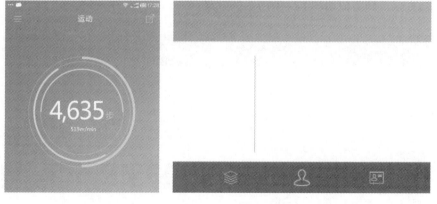

图12.105　　　　　　　　　图12.106

（22）在工具选项栏中设置"形状1"的填充色为黑白渐变，如图12.107所示，以制作一个从中间向两端渐变的线条，如图12.108所示。

图 12.107

图 12.108

（23）使用移动工具 ⊹ 按住 Alt+Shift 键向右侧拖动以复制"形状1"得到"形状1拷贝"，并置于偏右侧的位置，如图12.109所示。

（24）按照前面讲解的方法，结合随书所附的素材"第12章\12.3–素材7.ai""第12章\12.3–素材8.ai""第12章\12.3–素材9.ai"，在分隔出来的三部分空间中添加图标及文字，直至得到类似如图12.110所示的效果。

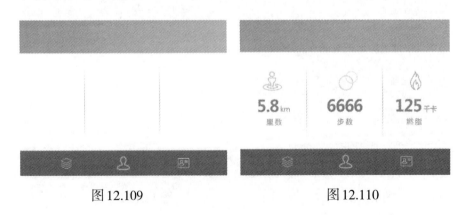

图 12.109   图 12.110

提示：至此，第一个界面已经制作完成，另外两个界面可以创建新的画板，并复制现有的背景、状态栏及底栏等元素至新的画板中，然后结合打开随书所附的素材"第12章\12.3-素材9.ai"至"12.3-素材14.psd"、绘图及输入并设置文本属性等功能，制作其中的元素即可，其基本方法相同，故不再详细说明。

图12.111所示为最终完成后的效果，对应的"图层"面板如图12.112所示。设计完成后，可以按照上一例的方法，将三个画板中的界面导出为图片，以便于浏览。

图12.111

图12.112

12.4 演唱会海报设计

1. 例前导读

本例是以演唱会为主题的海报设计作品。在制作的过程中，主要以处理画面中的人体画面为核心内容。与以往的个人演唱会不同的是，本例在构图上别具一格，以主题人物的形体轮廓为基础，从而展开构图，加上背景中的烟雾效果，带您走进激情澎湃的场景。本例设计的是一款大型户外灯箱广告，其具体尺寸为1.60×2.47米，采用写真喷绘方式进行输出，因此本例实际的设计尺寸为1600mm×2470mm，分辨率采用较低的72dpi，但可以满足写真喷绘的需求，并在最终完成且定稿后，输出JPG格式并转换为CMYK颜色模式。

2. 核心技能

（1）设置并绘制渐变。

（2）绘制并编辑复杂图形。

（3）使用剪贴蒙版控制图像的显示范围。

（4）使用图层蒙版控制图像的显示与隐藏。

（5）使用画笔工具 ∠ 绘制图像与编辑图层蒙版。

3. 操作步骤

（1）启动 Photoshop，按 Ctrl+N 键新建一个文档，在弹出的"新建"对话框中设置参数，如图 12.113 所示，单击"确定"按钮，退出对话框，创建一个新的空白文件。按 Ctrl+Y 键或选择"校样颜色"命令，从而以默认的 CMYK 颜色模式预览当前的文档，这样可以更准确的查看最终的输出结果。

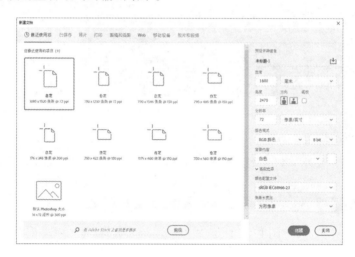

图 12.113

（2）设置前景色的颜色值为 #FFFFFF，背景色的颜色值为 #723E9A，选择渐变工具 ■，并在其工具选项栏中单击线性渐变按钮 ■，在画布中右击，在弹出的渐变显示框中选择渐变类型为"前景色到背景色渐变"，从画布的上方至下方绘制渐变，得到的效果如图 12.114 所示。

> **提示：** 至此，背景中的基本内容已制作完成。下面利用自定形状工具 ■ 制作人物轮廓。

（3）打开随书所附的素材"第 12 章\12.4–素材 1.csh"，以载入该形状素材。设置前景色为黑色，选择自定形状工具 ■，在文档中右击，在弹出的形状显示框中选择刚刚打开的形状（一般在最后一个），在画面中绘制如图 12.115 所示的形状，同时得到"形状 1"。

（4）单击"形状 1"矢量蒙版缩览图，使人物路径处于未选中的状态，设置前景色的颜色值为 #337C74，选择钢笔工具 ■，在其工具选项栏中单击"形状"选项，在裤脚两侧绘制如图 12.116 所示的形状，同时得到"形状 2"。

图12.114

图12.115

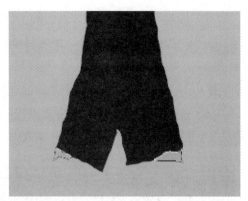
图12.116

提示1：完成一个形状后，如果想继续绘制另外一个不同颜色的形状，必须要确认前一形状的矢量蒙版缩览图处于未选中的状态。

提示2：在绘制第一个图形后，将会得到一个对应的形状图层，为了保证后面所绘制的图形都是在该形状图层中进行，所以在绘制其他图形时，需要在工具选项栏中单击适当的运算模式，如"添加到形状区域"等。

（5）按照上一步的操作方法，分别设置前景色的颜色值为#240700和#632615，应用钢笔工具 绘制人物的鞋子形状，如图12.117所示，同时得到"形状3"和"形状4"。

（6）设置"形状4"的混合模式为"颜色减淡"，以混合图像，得到的效果如图12.118所示，"图层"面板如图12.119所示。

图12.117

图12.118

图12.119

提示：下面依据人物的轮廓，结合素材图像、剪贴蒙版以及图层蒙版等功能，制作主题图像。

（7）选择"形状1"作为当前的工作层，打开随书所附的素材"第12章\12.4–素材2.jpg"，如图12.120所示。使用移动工具 ⊕ 将其拖至上一步制作的文件中，得到"图层1"，并在其图层名称上单击右键，在弹出的菜单中选择"转换为智能对象"命令。按Ctrl+Alt+G键，执行"创建剪贴蒙版"命令，以确定与其下层图层的剪贴关系。

（8）按Ctrl+T键，调出自由变换控制框，按住Shift键向内拖动控制句柄以缩小图像并移动位置，如图12.121所示，按Enter键确认操作。

图12.120　　　　　　　　　　　　　　　　图12.121

（9）按照步骤7~8的操作方法，打开随书所附的素材"第12章\12.4–素材3.jpg"，结合移动工具 ⊕ 及变换功能，制作左腋处的图像，如图12.122所示，同时得到"图层2"。

图12.122

（10）单击添加图层蒙版按钮 ▣，为"图层2"添加蒙版，设置前景色为黑色，选择画笔工具 ✐，在其工具选项栏中设置适当的画笔大小及不透明度，在图层蒙版中进行涂抹，将四周生硬的边缘隐藏，直至得到如图12.123所示的效果，此时蒙版中的状态如图12.124所示。

图 12.123   图 12.124

（11）根据前面所讲解的操作方法，利用素材图像、变换、图层属性以及图层蒙版等功能，制作人物轮廓内的其他图像，如图 12.125 所示。"图层"面板如图 12.126 所示。

 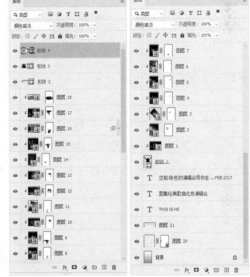

图 12.125   图 12.126

提示：本步骤中，所应用到的素材图像为随书所附的素材"第12章\12.4-素材4.jpg"至"12.4-素材19.jpg"。关于图层属性的设置，请参考最终效果源文件。此时，人物腿部的发射光线过于强烈，下面利用"高斯模糊"命令来处理这个问题。

（12）选择"图层16"图层缩览图（发射光线），执行"滤镜｜模糊｜高斯模糊"命令，在弹出的"高斯模糊"对话框中设置"半径"数值为2，如图 12.127 所示为模糊前后的对比效果。

图 12.127

> 提示：下面结合画笔工具 ✎ 以及混合模式功能，制作脚部的光感效果。

（13）在所有图层上方新建"图层19"，设置此图层的混合模式为"滤色"，然后设置前景色的颜色值为#F4372B，选择画笔工具 ✎，并在其工具选项栏中设置画笔为"柔角150像素"，在脚中间位置涂抹，得到的效果如图12.128所示。

（14）按Ctrl+Alt+A键，选择除"背景"图层以外的所有图层，按Ctrl+G键，将选中的图层编组，得到"组1"，并将此组重命名为"海报主体"。

> 提示：至此，主体图像已制作完成。下面制作背景中的烟雾效果。

（15）选择"背景"图层作为当前的工作层，新建"图层20"，设置前景色为白色。打开随书所附的素材"第12章\12.4–素材20.abr"，选择画笔工具 ✎，在画布中右击，在弹出的画笔显示框中选择刚刚打开的画笔，在画布中进行涂抹，得到的效果如图12.129所示。

图12.128   图12.129

（16）按照步骤10的操作方法，为"图层20"添加蒙版，应用画笔工具 ✏ 在蒙版中进行涂抹，以将左上方及右下方过亮的区域隐藏，得到的效果如图12.130所示，对应的蒙版中的状态如图12.131所示。

图12.130 图12.131

（17）新建"图层21"，设置前景色为白色，设置画笔大小为"柔角300像素"，在脚底部进行涂抹，得到的效果如图12.132所示。

（18）利用文字工具，制作画布上方的相关文字信息，完成制作。最终效果如图12.133所示，"图层"面板如图12.134所示。

  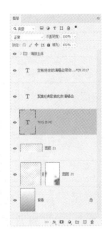

图12.132 图12.133 图12.134

12.5《权力宦官闹明朝》封面设计

1. 例前导读

本书的内容决定了图书的封面要表现出一种残酷与血腥的气氛，因此封面使用了一条暗红色的笔触纵贯封面，使封面有了一丝血腥的气氛，而暗红色笔触下的龙形图案，则寓意着图书的内容与皇权有关，并以围绕着龙形图案的三个大字来点题。图书的封面使用了复杂的纹饰，既增加了封面华丽的感觉，又较好地契合了明朝的朝服设计风格。

在本例中，首先结合标尺及辅助线划分封面中的各个区域。然后利用素材图像，结合选区工具、图层样式、调整图层、图层属性以及图层蒙版等功能制作封面图像。最后，结合文字工具以及形状工具等功能，完成封面中的文字及装饰图像。

2. 核心技能

（1）根据既定尺寸创建合适尺寸的封面文档。

（2）使用图层样式为图像叠加图案。

（3）使用调整图层改变图像颜色。

（4）结合图层混合模式及图层蒙版融合图像。

3. 操作步骤

（1）按 Ctrl+N 键新建一个文档，弹出的"新建"对话框中的参数设置如图 12.135 所示，单击"确定"按钮，退出对话框，创建一个新的空白文件。

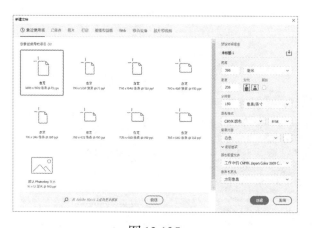

图 12.135

> 提示：在"新建"对话框中，封面的宽度数值为正封宽度（170mm）+书脊宽度（20mm）+封底宽度（170mm）+左右出血（各3mm）=366mm，封面的高度数值为上下出血（各3mm）+封面的高度（230mm）=236mm。

（2）按 Ctrl+R 键，显示标尺，按照上面的提示内容在画布中添加辅助线以划分封面中的各个区域，如图 12.136 所示。

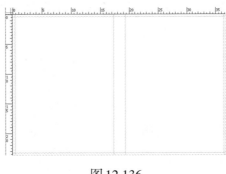

图 12.136

（3）打开随书所附的素材"第 12 章\12.5－素材 1.jpg"，使用移动工具 将其拖至新建的文件中，得到"图层 1"，放置在正封和书脊的位置，如图 12.137 所示。复制"图层 1"得到"图层 1 拷贝"，把"图层 1 拷贝"放在封底的位置，如图 12.138 所示。

图 12.137   图 12.138

（4）打开随书所附的素材"第 12 章\12.5－素材 2.psd"，使用移动工具 将其拖至新建的文件中，得到"图层 2"，并将其放置在正封图像的中间位置，如图 12.139 所示。选择魔棒工具 ，在工具选项栏中设置"容差"数值为 50，点选中间颜色深的位置，创建如图 12.140 所示的选区。

图 12.139   图 12.140

（5）按Ctrl+J键，从当前选区中复制新的图层，得到"图层3"。按Ctrl+Alt+G键，创建剪贴蒙版，单击"添加图层样式"按钮 *fx.*，在弹出的菜单中执行"图案叠加"命令，弹出"图案叠加"对话框，参数设置如图12.141所示，生成的效果如图12.142所示，此时的"图层"面板如图12.143所示。

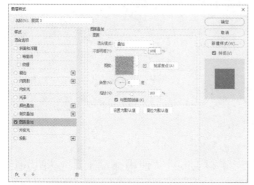

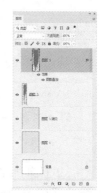

图12.141　　　　　　　　　　　图12.142　　　　　　图12.143

提示： 在"图案叠加"对话框中，单击"图案"旁边的下拉菜单按钮 ，在弹出的菜单中单击设置按钮 ，在弹出的菜单中选择"图案2"，然后在弹出的对话框中单击"追加"按钮把新图案追加到"图案"里，最后选择"灰泥"图案。

（6）单击"创建新的填充或调整图层"按钮 ，在弹出的菜单中执行"色相/饱和度"命令，得到图层"色相/饱和度1"，按Ctrl+Alt+G键，创建剪贴蒙版，设置面板中的参数如图12.144所示，得到如图12.145所示的效果。"图层"面板如图12.146所示。

（7）打开随书所附的素材"第12章\12.5-素材3.psd"，使用移动工具 将其拖至正封的右上角位置，得到"图层4"，效果如图12.147所示。

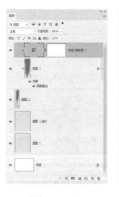

图12.144　　　　　　图12.145　　　　　　图12.146　　　　　　图12.147

（8）打开随书所附的素材"第12章\12.5-素材4.jpg"，使用移动工具 ⊕ 将其拖至 "图层1"的左下角位置，生成"图层5"，如图12.148所示。更改"图层5"的混合模式为"颜色加深"，得到图12.149所示的效果。

（9）单击"添加图层蒙版"按钮 ▢，为"图层5"添加蒙版，设置前景色为黑色。选择画笔工具 ✐，在其工具选项栏中设置适当的画笔大小及不透明度，在图层蒙版中进行涂抹，以将四周隐藏起来，直至得到如图12.150所示的效果，此时蒙版中的状态如图12.151所示。

   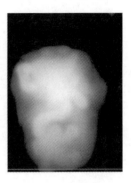

图12.148　　　　　图12.149　　　　　图12.150　　　　　图12.151

（10）复制"图层5"，得到"图层5拷贝"，在图层蒙版缩览图上右击，在弹出的菜单中执行"删除图层蒙版"命令，设置其混合模式为"明度"，效果如图12.152所示，此时的"图层"面板如图12.153所示。

（11）单击"添加图层蒙版"按钮 ▢，为"图层5拷贝"添加蒙版，设置前景色为黑色。选择画笔工具 ✐，在其工具选项栏中设置适当的画笔大小及不透明度，在图层蒙版中进行涂抹，将四周隐藏起来，直至得到如图12.154所示的效果，此时蒙版中的状态如图12.155所示。

 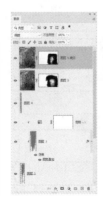 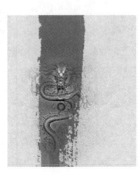 

图12.152　　　　　图12.153　　　　　图12.154　　　　　图12.155

（12）单击"创建新的填充或调整图层"按钮 ⊙，在弹出的菜单中执行"通道混合器"命令，得到图层"通道混合器 1"，按 Ctrl+Alt+G 键，创建剪贴蒙版，设置面板中的参数如图 12.156 所示，得到如图 12.157 所示的效果。

（13）选择直排文字工具 IT，设置前景色为黑色，并在其工具选项栏上设置适当的字体和字号，输入文字"权力宦官"，如图 12.158 所示。复制"图层 1 拷贝"，得到"图层 1 拷贝 2"，将其放置在文字图层的上方，按 Ctrl+Alt+G 键，执行"创建剪贴蒙版"命令，生成的效果如图 12.159 所示。

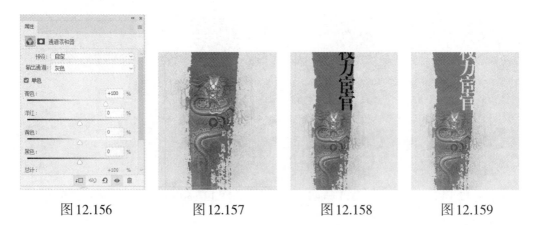

图 12.156   图 12.157   图 12.158   图 12.159

（14）选择直排文字工具 IT，设置前景色为黑色，并在其工具选项栏上设置适当的字体和字号，输入如图 12.160 所示的文字。调节文字的颜色和字体，得到如图 12.161 所示的效果。根据同样的方式输入如图 12.162 所示的文字。

（15）选择矩形工具 □，在工具选项栏上单击"形状"选项，设置前景色为黑色，按住 Shift 键，画出一个正方形，生成"形状 1"图层，如图 12.163 所示。

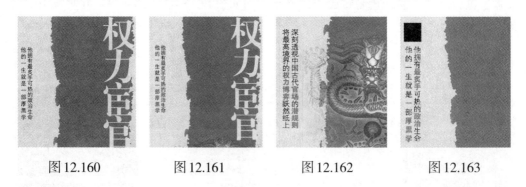

图 12.160   图 12.161   图 12.162   图 12.163

（16）选择路径选择工具 ▶，选中"形状 1"，按 Ctrl+Alt+T 键，调出自由变换并复制控制框，按住 Shift+Alt 键，缩小复制出来的新形状，调节到如图 12.164 所示的效果，按 Enter 键确认。在工具选项栏中选择"减去顶层形状"模式，得到如图 12.165 所示的效果。

（17）复制"形状1"图层两次，生成"形状1拷贝"和"形状1拷贝2"，放置文字的上、中、下3个位置，得到如图12.166所示的效果。

（18）选择直排文字工具，设置前景色为黑色，并在其工具选项栏上设置适当的字体和字号，分别输入文字"闹朝""明"，得到相应的文字图层，调节文字的位置和大小直至如图12.167所示的效果。选中相应的图层，按Ctrl+E键，向下合并，从而将其转换成为普通图层。

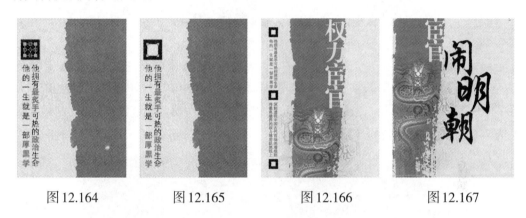

图12.164　　　　　图12.165　　　　　图12.166　　　　　图12.167

（19）单击"添加图层样式"按钮，在弹出的菜单中执行"颜色叠加"命令，弹出"颜色叠加"对话框，参数设置如图12.168所示。然后在对话框中继续选中"图案叠加"图层样式，参数设置如图12.169所示，生成的效果如图12.170所示。

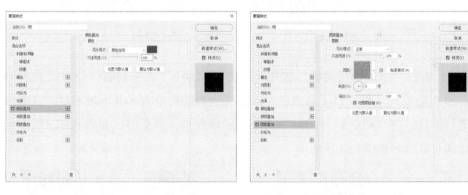

图12.168　　　　　　　　　　　　　图12.169

> **提示**："颜色叠加"对话框中的颜色值为 #5E0000，"图案叠加"对话框中的图案同步骤5相似。

（20）选择直排文字工具，设置前景色的颜色值为#831913，并在其工具选项栏上设置适当的字体和字号，在正封图像的右上角输入文字"史上第一宦臣魏忠贤"，应用字体样式后的效果如图12.171所示。

图 12.170   图 12.171

（21）打开随书所附的素材"第 12 章\12.5-素材 5.psd"，使用移动工具 ⊕ 将其拖至"图层 1"左上角位置，生成"图层 6"，如图 12.172 所示。调整"图层 6"的填充数值为 54%，得到图 12.173 所示的效果。

图 12.172   图 12.173

（22）单击"添加图层蒙版"按钮 ▣，为"图层 6"添加蒙版，设置前景色为黑色。选择画笔工具 ✐，在其工具选项栏中设置适当的画笔大小及不透明度，在图层蒙版中进行涂抹，将"图层 1"外的"图层 6"隐藏起来，直至得到如图 12.174 所示的效果，局部对比效果如图 12.175 所示。

图 12.174   图 12.175

（23）选择横排文字工具 T，设置前景色为黑色，并在其工具选项栏上设置适当的字体和字号，在正封图像的右侧输入文字"点智◎著"，效果如图12.176所示。

（24）选择矩形工具 □，在工具选项栏上单击"形状"选项，设置前景色的颜色值为#811A1F。在书脊上侧画出一个矩形，得到"形状2"，复制"形状2"生成"形状2拷贝"，放置在如图12.177所示的位置。

图12.176　　　　　　　图12.177

> 提示："点智著"中间的符号是在输入法中选择软键盘，单击鼠标右键，在弹出的菜单中选择"特殊符号"。

（25）选择直排文字工具 T，设置前景色为黑色，并在其工具选项栏上设置适当的字体和字号，输入文字"权力宦官闹明朝""点智著"和"点智文化出版社"，得到的效果如图12.178所示。

（26）打开随书所附的素材"第12章\12.5-素材6.jpg"，使用移动工具 ⊕ 将其拖至封底左下角位置，生成"图层7"。复制"图层6"，得到"图层6拷贝"，把它移至"图层7"的下方，删除图层蒙版，更改填充数值为100%，如图12.179所示。

图12.178　　　　　　　图12.179

（27）最后，使用文字工具在封底的左上角输入相关说明文字，最终效果如图
12.180所示。此时"图层"面板的状态如图12.181所示。

图 12.180 　　　　　　　　　　　　　　图 12.181

12.6 荷谐月饼包装设计

1. 例前导读

在本例中，将结合绘制图形、设置图形填充与描边属性、导入图像与添加效果等
技术，设计一款月饼包装。在整体设计上，将以红、黄色为主，配合恰当的图形、图
像、文字及特殊效果等，彰显包装大气、复古、尊贵的产品形象。

2. 核心技能

（1）了解包装刀模图的基本功能与含义。

（2）置入并融合图形与图像。

（3）绘制图形并设置其填充与描边属性。

（4）变换并复制对象。

（5）在图形之间建立混合。

（6）将位图转换为矢量图形并设置填充与描边属性。

（7）为对象添加内发光效果。

3. 操作步骤

（1）打开随书所附的素材"第12章\12.6–素材1.psd"，如图12.182所示，对应的
"图层"面板如图12.183所示。其中已经绘制好了当前包装的刀模图，其成品规格为：

长230mm、宽230mm、高58mm。

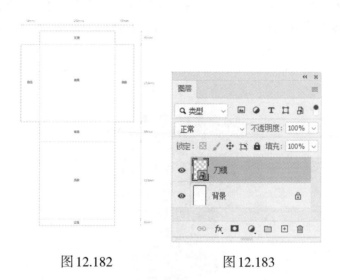

图 12.182   图 12.183

> **提示：** 对包装设计来说，在设计时需要按照最终裁切的边缘和路线设计出相应的"刀模"，即刀模图，用它可以把印刷品切成需要的形状。通常情况下，边缘的连续实粗线是刀模线，即用于确定包装边缘的裁切线；细虚线是压折线，表示用于折叠的位置。

（2）按Ctrl+R键显示标尺，按照刀模图上的线条，分别为包装的各部分添加参考线，以便于后面的操作，如图12.184所示。添加好辅助线后，为便于设计，可以隐藏图层"刀模"。

图 12.184

（3）设置前景色的颜色值为 c30d23，选择矩形工具 □，在其工具选项栏上选择"形状"选项及"合并形状"选项，然后在画布中沿着刀模线边缘绘制 2 个矩形，以构建包装的基本结构，注意要在刀模线以外保留 3mm 以上的图形作为出血，如图 12.185 所示，同时得到图层"矩形 1"。

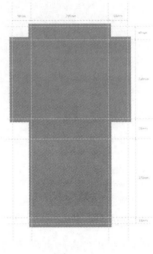

图 12.185

> **提示**：根据包装盒使用纸张的不同，设置的出血尺寸会有所差异。例如使用较薄的包装纸，如牛皮纸、铜版纸等，通常设置 3mm 的出血即可；若是包装纸较厚，例如瓦楞纸，由于该纸较厚，因此需要保留 5mm 或更多的出血。

（4）下面开始制作包装的顶面，这是整个包装的设计重点。打开随书所附的素材"第 12 章\12.6– 素材 2.psd"，使用移动工具 ⊕ 将其拖至本例操作的文件中，得到"图层 1"。

（5）按 Ctrl+T 键调出自由变换控制框，将光标置于控制框的任意一角，按住 Shift 键对照片进行缩放操作，然后置于顶面左上方的位置，如图 12.186 所示。按 Enter 键确认变换操作。

（6）设置"图层 1"的混合模式为"柔光"，不透明度为 50%，得到如图 12.187 所示的效果。

（7）使用矩形工具 □ 以任意颜色沿包装顶面的右侧绘制一个与之等高的矩形，得到图层"矩形 2"，如图 12.188 所示。保持选择矩形工具 □ 并在其工具选项栏中为其设置渐变填充色，如图 12.189 所示。其中第 1、3 个色标的颜色值为 fff29f，第 2 个色标的颜色值为 f8f5d5，得到如图 12.190 所示的效果。

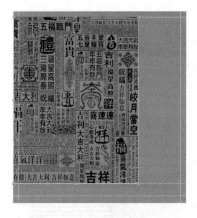

图 12.186   图 12.187

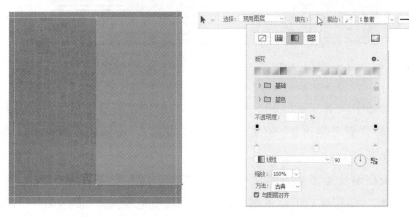

图 12.188   图 12.189

（8）下面为渐变矩形叠加一些横纹。使用矩形工具 绘制一个比渐变矩形略宽的黑色矩形条，得到"矩形3"，如图所12.191示，此时的"图层"面板如图12.192所示。

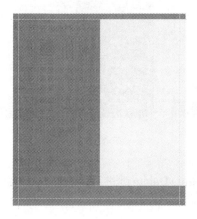

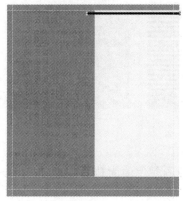

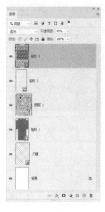

图 12.190   图 12.191   图 12.192

（9）按 Ctrl+Alt+T 键调出自由变换并复制控制框，将光标置于控制框内并按住 Shift 键向下拖动，如图 12.193 所示。按 Enter 键确认变换，同时得到其拷贝对象。

（10）连续按 Ctrl+Alt+Shift+T 键执行连续变换并复制操作多次，直至得到图 12.194 所示的效果。

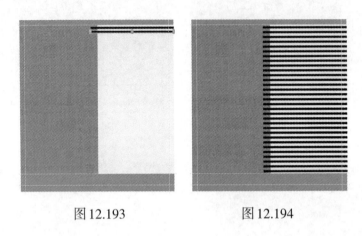

图 12.193　　　　　　　　　　图 12.194

（11）保持选中图层"矩形 3"，按 Ctrl+Alt+G 键创建剪贴蒙版，得到如图 12.195 所示的效果。再设置"矩形 3"的混合模式为"柔光"，不透明度为 40%，得到如图 12.196 所示的效果。

（12）下面在渐变矩形上方增加一些装饰文字。打开随书所附的素材"第 12 章 \ 12.6– 素材 3.jpg"，使用移动工具 ✛ 按住 Shift 键将其拖至本例操作的文件中，得到"图层 2"，并按照第 5 步的方法将其缩小并置于渐变矩形的上方，如图 12.197 所示。

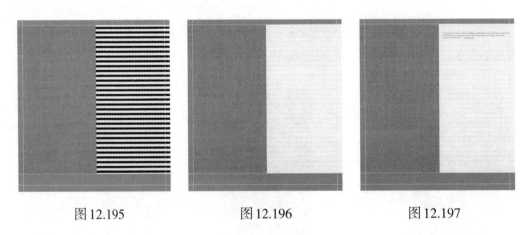

图 12.195　　　　　　　图 12.196　　　　　　　图 12.197

（13）设置前景色的颜色值为 F8B62D，按 Alt+Shift+Delete 键进行填充，从而改变文字的颜色，如图 12.198 所示。

（14）使用移动工具 ✛ 按住 Alt 键拖动文字多次，以创建得到其拷贝对象，并分别置于渐变矩形上的不同位置，如图12.199所示。

（15）打开随书所附的素材"第12章\12.6–素材4.psd"，使用移动工具 ⊹ 按住
Shift键将其拖至本例操作的文件中，得到"图层3"，并按照第5步的方法将其缩小并
置于渐变矩形的上方，再按照第13步的方法，为文字填充颜色，其颜色值为d38a11，
得到如图12.200所示的效果。

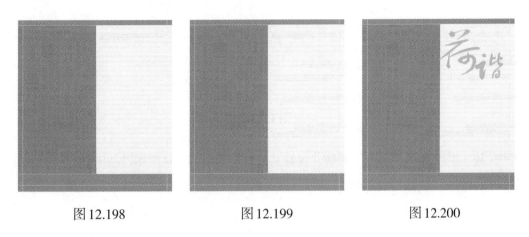

图12.198　　　　　　　　图12.199　　　　　　　　图12.200

（16）利用横排文字工具 T ，并在其工具选项栏上设置适当的字体、字号等参数，
在"荷谐"的右侧位置输入文字"CHINESE MOON CAKE"，同时得到一个对应的文字
图层，如图12.201所示。

（17）下面继续在顶面添加装饰图形。打开随书所附的素材"第12章\12.6–素材
5.psd"，使用移动工具 ⊹ 按住Shift键将其拖至本例操作的文件中，得到"图层3"，并
按照第5步的方法将其缩小并置于顶面的右下角，如图12.202所示。

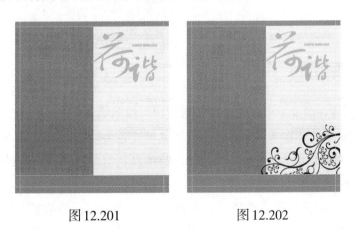

图12.201　　　　　　　　图12.202

（18）单击添加图层样式按钮 _fx_ ，在弹出的菜单中选择"渐变叠加"命令，在弹
出的对话框中设置参数，其中所使用的渐变从左至右第1、3、5个色标的颜色值为

中文版Photoshop CC标准教程

eeb94e，第2、4个色标的颜色值为fff9a8，如图12.203所示。

图12.203

（19）继续选择"描边"选项并设置其参数，如图12.204所示，其中颜色块的颜色值为d7a635，得到如图12.205所示的效果，此时的"图层"面板如图12.206所示。

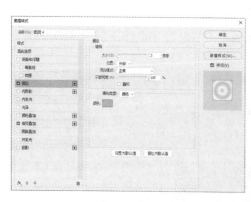

图12.204

图12.205

图12.206

（20）下面将在渐变矩形左侧绘制装饰花边。按照第7步的方法，在渐变矩形左侧绘制一个矩形竖条，并在工具选项栏中设置其填充色为渐变，如图12.207所示，其中第1、3个色标的颜色值为730000，第2个色标的颜色值为e60012，得到如图12.208所示的效果，同时得到图层"矩形4"。

（21）单击添加图层样式按钮，在弹出的菜单中选择"描边"命令，在弹出的对话框中设置参数，如图12.209所示，其中第1、3个色标的颜色值为eeb94e，第2个色标的颜色值为eeb94e，得到如图12.210所示的效果。

324

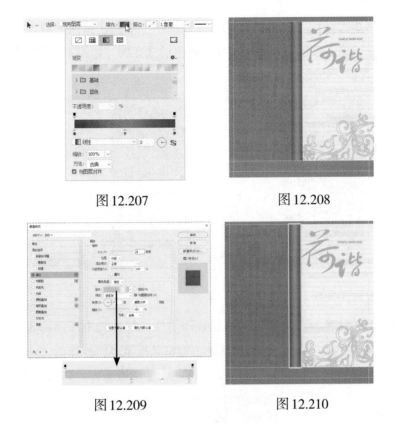

图 12.207   图 12.208

图 12.209   图 12.210

提示： 上面一步的描边效果超出了正面范围，下面来将其隐藏。由于该描边图像是由图层样式生成，默认情况下无法使用图层蒙版隐藏该图像，因此下面先要设置样式选项。

（22）选择"矩形4"，单击添加图层样式按钮 *fx*，在弹出的菜单中选择"混合选项"命令，在弹出的对话框中选择"图层蒙版隐藏效果"选项，如图12.211所示，使该图层的蒙版可以隐藏由图层样式生成的图像。

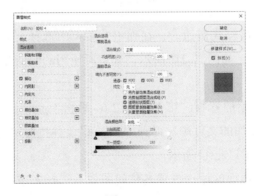

图 12.211

（23）使用矩形选框工具 绘制选区，以选中上下超出顶面的描边，如图 12.212 所示。按住 Alt 键单击添加图层蒙版按钮 以当前选区为"矩形 4"添加蒙版，从而隐藏选区以内的内容，如图 12.213 所示。

图 12.212　　　　　　　图 12.213

（24）下面在红色渐变矩形内部添加装饰图像。打开随书所附的素材"第 12 章\12.6– 素材 6.psd"，使用移动工具 按住 Shift 键将其拖至本例操作的文件中，得到"图层 3"，并按照第 5 步的方法将其缩小并置于红色渐变矩形上方，如图 12.214 所示。

图 12.214

（25）单击添加图层样式按钮 ，在弹出的菜单中选择"渐变叠加"命令，在弹出的对话框中设置参数，如图 12.215 所示，其中所使用的渐变与第 18 步相同，得到的效果如图 12.216 所示。

（26）打开随书所附的素材"第 12 章\12.6– 素材 7.psd"，使用移动工具 按住 Shift 键将其拖至本例操作的文件中，得到"图层 4"，并按照第 5 步的方法将其缩小并置于顶面的左下方，如图 12.217 所示。

（27）下面来制作顶面的用于放置名称的图像。选择多边形工具 并在其工具选项栏上设置"边"为 6，按住 Shift 键从下向上绘制一个正六边形，并置于如图 12.218

所示的位置。

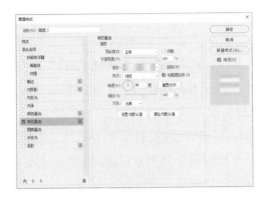

图 12.215　　　　　　　　　　　图 12.216

图 12.217　　　　　　　　　　　图 12.218

（28）在工具选项栏中为六边形设置填充色为渐变，如图 12.219 所示，其中第 1、3 个色标的颜色值为 f4e166，第 2 个色标的颜色值为 f8f5d5，再设置描边为 2 像素，颜色值为 671014，得到如图 12.220 所示的效果，同时得到图层"多边形 1"此时的图层面板如图 12.221 所示。

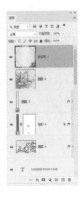

图 12.219　　　　　　　　　　图 12.220　　　　　　图 12.221

（29）复制"多边形1"得到"多边形1拷贝"并将其描边色设置为无，填充色的颜色值为620e13。按Ctrl+T键调出自由变换控制框，按住Alt+Shift键键将其缩小一些，得到如图12.222所示的效果。

（30）下面继续在顶面添加装饰图形。打开随书所附的素材"第12章\12.6–素材8.psd"，使用移动工具 按住Shift键将其拖至本例操作的文件中，得到"图层5"，并按照第5步的方法将其缩小，如图12.223所示。

（31）再次复制"多边形1拷贝"得到"多边形1拷贝2"，并确认该图层位于"图层4"下方，再按照上一步的方法将其等比例缩小至素材花纹的中间，再修改其填充色的颜色值为c30d23，得到如图12.224所示的效果。

图12.222　　　　　　　　图12.223　　　　　　　　图12.224

（32）单击添加图层样式按钮 ，在弹出的菜单中选择"内发光"命令，在弹出的对话框中设置参数，如图12.225所示。其中颜色块的颜色值为050000。得到如图12.226所示的效果。

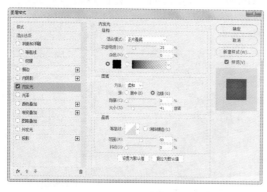

图12.225　　　　　　　　　　　　　图12.226

（33）最后，结合打开随书所附的素材"第12章\12.6–素材9.psd"至"第12章\

12.6- 素材 12.psd" 及输入文字等功能，在其中添加主体文字及装饰图像，并适当调整其属性及大小等，直至满意为止即可，如图 12.227 所示。

图 12.227

图 12.228 所示是设计后的完整效果，对应的"图层"面板如图 12.229 所示。

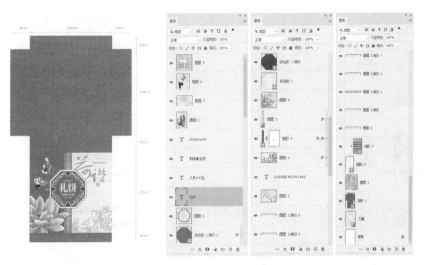

图 12.228   图 12.229

附 录
选择题参考答案

第1章

1. ABCD   2. B   3. D   4. D

第2章

1. AB、C   2. ABC   3. ABC   4. C
5. ABCD   6. A   7. BD   8. BC

第3章

1. A   2. B   3. C   4. A
5. ABCD   6. BC   7. BC   8. AD
9. ABCD   10. ACD

第4章

1. ABC   2. C   3. D   4. D
5. ACD   6. BCD   7. ABD   8. AB
9. D   10. A   11. ABD   12. AC

第5章

1. C   2. ABC   3. C   4. B
5. D   6. B   8. AD   9. ABD
10. ABC

第6章

1. B	2. B	3. A	4. B
5. A	6. C	7. ACD	8. ABD
9. ABCD			

第7章

1. B	2. AB	3. C	4. C
5. ABC	6. AB	7. A	8. AC

第8章

1. B	2. B	3. A	4. D
5. A	6. CD	7. ABCD	8. B
9. AB	10. ABD	11. CD	12. B
13. BC	14. ABD	15. ABD	16. ABCD
17. ABC	18. A	19. BCD	20. ABC

第9章

1. ABC	2. C	3. A	4. A
5. D	6. ABC	7. ABC	

第10章

1. CD	2. X	3. ABC	4. AB

第11章

1. B	2. B	3. A	4. A
5. BD	6. ABCD		